Procreate 萌系商业插画养成指南

我的iPad也能接商单

OK蛙 兔叔 著

电子工业出版社·

Publishing House of Electronics Industry

北京·BEIJING

图书在版编目（ＣＩＰ）数据

Procreate萌系商业插画养成指南 ： 我的iPad也能接商单 / OK蛙，兔叔著. -- 北京 ： 电子工业出版社，2024. 8. -- ISBN 978-7-121-48451-3

Ⅰ . TP391.413

中国国家版本馆CIP数据核字第20246944EL号

责任编辑：孔祥飞

印　　刷：天津千鹤文化传播有限公司

装　　订：天津千鹤文化传播有限公司

出版发行：电子工业出版社

　　　　　北京市海淀区万寿路173信箱　邮编：100036

开　　本：787×1092　1/16　印张：10.5　字数：268.8千字

版　　次：2024年8月第1版

印　　次：2024年8月第1次印刷

定　　价：98.00元

凡所购买电子工业出版社图书有缺损问题，请向购买书店调换。若书店售缺，请与本社发行部联系，联系及邮购电话：（010）88254888，88258888。

质量投诉请发邮件至zlts@phei.com.cn，盗版侵权举报请发邮件至dbqq@phei.com.cn。

本书咨询联系方式：（010）88254161~88254167转1897。

前言
Preface

在生活中，我们常常会被可爱的人和物所吸引。当书桌上、工位上多了一些萌萌的小摆件，我们就好像被幸福围绕，那些枯燥烦闷的感觉都会随之消失。所以我们将在本书中介绍萌系 Q 版插画风格，从简单的图案拓展到文创贴纸、便笺本设计等，由浅到深，带领大家感受萌系插画的魅力。

本书以 iPad 作为绘画工具，由插画师 OK 蛙给大家分享萌系插画的创作思路和绘画技巧，并联合插画经理人兔叔，讲解商业插画接单的相关知识。本书前半部分从简单的元素入门，讲解创意设计思路，并通过各种文创产品案例，演示萌系插画在文创领域中的运用。在学习的过程中，读者不仅可以按照书中的步骤跟画，还可以把自己完成的作品变成实物，让它真实地出现在生活中，体验插画文创带来的温暖和趣味。后半部分侧重于插画的商业合作，讲解在商业合作中个人插画师必不可少的技能，为新手插画师提供接稿思路，并列举了一些接稿过程中需要注意的问题，在个人插画师运营方面给大家提供一些帮助和发展思路。

本书画风可爱，技法简单，非常适合初学者学习，希望大家能在学习的过程中感受到绘画创作的乐趣，并能创作出属于自己的作品。

目录
Contents

读 者 服 务

读者在阅读本书的过程中如果遇到问题，可以关注"有艺"公众号，通过公众号与我们取得联系。此外，通过关注"有艺"公众号，您还可以获取更多的新书资讯、书单推荐、优惠活动等相关信息。

扫一扫关注"有艺"

资源下载方法：关注"有艺"公众号，在"有艺学堂"的"资源下载"中获取下载链接。如果遇到无法下载的情况，可以通过以下三种方式与我们取得联系：

1. 关注"有艺"公众号，通过"读者反馈"功能提交相关信息；

2. 请发邮件至 art@phei.com.cn，邮件标题命名方式：资源下载 + 书名；

3. 读者服务热线：（010）88254161~88254167 转 1897。

投稿、团购合作：请发邮件至 art@phei.com.cn。

第1章
商业插画不神秘

我们生活中随处可见各种插画，它们既能传递信息也能装饰生活空间，本章将为你揭开商业插画的神秘面纱。

CHAPTER 01

1.1 商业插画的基本介绍

1.1.1 什么是商业插画

狭义的插画单指书刊中的图画，通过生动的图像让文字简易明了，更具有趣味性。而随着产品技术和人们审美的升级，插画被运用在各个领域，逐渐成为一种重要的视觉传达形式。根据插画的作用可以把插画分为艺术插画和商业插画。

艺术插画的发展可以追溯到古老的洞窟壁画，人们用图像进行祭祀活动或者记录某种重大事件。之后随着社会的发展，插画被运用到了宗教、医学、历史、日用百科等书籍中。

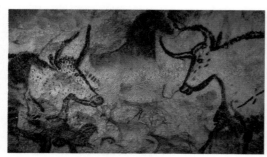

商业插画是随着现代工业的发展逐渐形成的，它具有明显的商业目的，可以传递品牌价值和产品信息，宣传企业形象，为商业活动造势，激发消费者的购买欲望。

1.1.2　生活中的商业插画

随着绘画工具的革新和印刷工艺的发展，插画艺术不再局限于传统的书刊中。产品包装、宣传海报、生活用品、服装设计都会运用到插画。

而随着互联网技术和线上传播技术的升级，影视、动画、游戏领域逐渐发展，延伸出了各种插画需求，如场景设计、角色设计、美术宣传海报、新媒体（公众号、H5）插画等。

1.2　萌系商业插画的童话世界

1.2.1　萌系商业插画的特点与优势

萌系插画是通过简洁概括的方式表达物体的基本特征，用夸张、变形等艺术处理，让物体呈现出可爱软萌形象的一种插画风格。它的造型简单可爱，配色鲜艳明快，画面生动。

萌系风格的受众广泛，不同性别和年龄的人群都对可爱风格的事物有较高的接受度。因为造型简单，它能被灵活地运用到各种产品中，适配度高。并且简单的造型更有利于消费者记忆，因此在影视宣传、logo 设计中，它也是首选风格之一。正因为庞大的受众群体和广泛的使用场景，萌系风格插画成了一种很适合新手插画师用来探索商业化领域的途径。

1.2.2 萌系商业插画的运用

除了前文提到的各种商业运用，萌系插画还被广泛地运用在文创领域。文创是指文化和创意的结合，作者通过对文化、地域等资源进行二次创作，然后将之附加到产品上，形成文创产品。萌系插画常被制作为贴纸、胶带、本册、明信片等文创产品，它们兼具实用性和艺术性，受到越来越多年轻消费者的喜爱。

对于插画师来说，既可以运用萌系风格创作文创插画，通过授权或约稿达成商业合作；也可以打造个人品牌的文创产品，通过销售文创产品的形式实现插画的商业化。

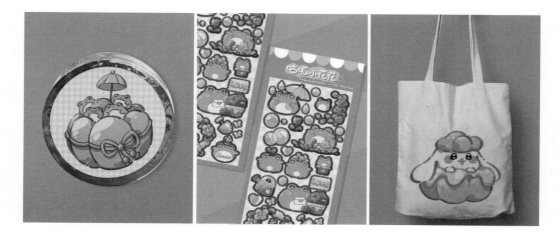

第2章
掌握Procreate软件

Procreate是一款适用于Apple iPad的热门设计绘画软件。它既能进行专业的设计创作，也能随笔涂鸦，记录生活中的小美好。本章将帮助你掌握Procreate软件的使用方法。

CHAPTER 02

2.1 Procreate基础介绍

2.1.1 Procreate的安装与使用

Procreate 拥有上百种画笔，以及优秀的图层系统和绘图引擎，完全可以胜任专业的插画工作。再加上 iPad 方便快捷的使用特点，用其作画没有传统板绘的手眼分离感，就算是绘画初学者也能够轻松适应。

1. 安装 Procreate

如果你也想使用 Procreate 发展绘画爱好，或者想从事绘画工作，那么可以在 iPad 的 App Store 中进行购买和下载。根据图例点击"App Store"，搜索"Procreate"，再依次点击"获取 - 使用触控 ID 安装"，等下载和安装完成，就可以打开使用了。

> **小贴士**
>
> Procreate 为付费软件，需要用户支付 88 元进行购买哦！

2. Procreate 的配件搭档

（1）Apple pencil：作为一款绘画软件，一定会用到触控笔，市面上售卖的有原装笔和非原装笔两种，笔者更推荐 Apple iPad 的原装笔，它能够完全复现出线条的粗细轻重变化，更适合绘画使用。非原装笔虽然更便宜，但是不带压感，只适合用来写字和创作扁平感的插画，无法完成精度更高的插画。

（2）类纸膜：光滑的屏幕会让我们的笔尖不受控制，为了解决这个问题，可以在屏幕上贴类纸膜，增加摩擦力，这样就有了在纸上作画的手感，还不会划伤我们的屏幕。

（3）支架：长期将iPad平放于桌面上作画，不利于颈椎健康，使用平板支架或平板保护壳，可以增加iPad的倾斜度，让作画过程更舒适。

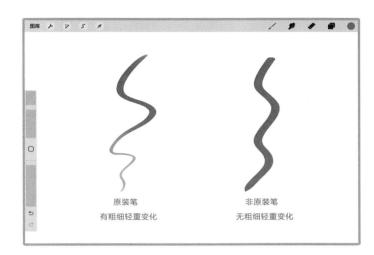

原装笔
有粗细轻重变化

非原装笔
无粗细轻重变化

增加iPad倾斜度
让屏幕大致与面部平行

2.1.2　Procreate的操作页面

现在我们绘画的软件和硬件都准备完毕，接下来就一起学习如何使用 Procreate 吧。本书将以其 5.3.1 版本作为示范，读者使用其他版本也可进行学习。首先来认识 Procreate 的操作页面。

1. 主页面

打开 Procreate，首先看到的是主页面，它主要用于画布的展示和管理，由两个区域组成。

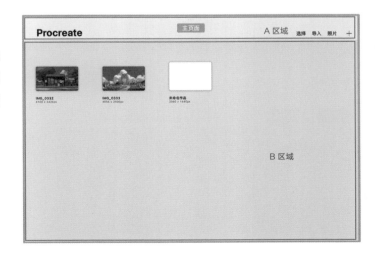

A 区域：管理栏。可以进行画布的创建、复制、导入、预览等操作。这里只做初步介绍，具体使用方法会在后续实操内容中详细讲解。

（1）选择：勾选画布进行复制、删除、分组等操作。

（2）导入：导入 Procreate 文件或 PSD 文件。

（3）照片：导入相册中的照片。

（4）新建：创建新画布或自定义画布。

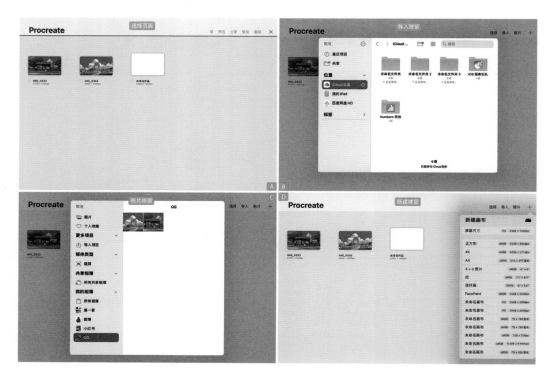

B 区域：画布展示区。展示所有的画布，点击画布可进入该画布的作画页面。

　Procreate萌系商业插画养成指南：我的iPad也能接商单

2. 作画页面

作画页面就是绘画的区域，它由三个区域组成。这里只做初步介绍，具体使用方法将在后续实操内容中详细讲解。

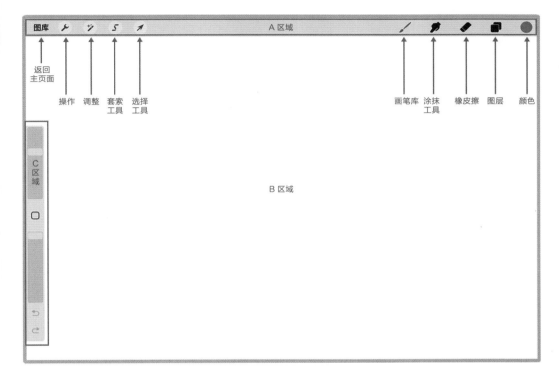

A 区域：菜单栏。Procreate 常用的操作命令、设置和工具都在这里。

（1）图库：返回主页面。

（2）操作：Procreate 常用的操作命令。

❶ 画布：对画布进行修改，可以进行裁剪画布、翻转画布等操作。

❷ 分享：用于导出和分享各种格式的文件。

❸ 视频：用于录制、查看绘画过程。

❹ 偏好设置：Procreate 操作设置，可以根据个人使用习惯进行调整。

❺ 帮助：Procreate 软件信息，不常使用。

（3）调整：用来进行调色、风格化、特效等操作。

（4）套索工具：选择出不规则／规则的区域，用于后续的移动、缩放、复制。

（5）选择工具：选择图形进行移动、缩放、变形。

（6）画笔库：用于切换画笔和设置画笔参数。

（7）涂抹工具：常用于融合、过渡色块，类似于模糊画笔。

（8）橡皮擦：用于擦除图形。

（9）图层：用于图层的添加和设置。

（10）颜色：在此处进行选色。

B 区域：工作区。在这个区域进行作画。

C 区域：属性栏。调整画笔的不透明度和大小。

2.2 绘画必备的Procreate功能与手势操作

在本节我们将介绍画布的新建、管理和保存，图层的新建、管理与设置，笔刷导入与设置，调色盘与吸管工具，以及常用的偏好设置。

2.2.1 画布的新建、管理和保存

1. 画布参数

在新建画布之前我们首先要了解画布的常用参数。

（1）宽度 / 高度：这两个数值决定画布的大小。

（2）DPI：图像每英寸长度内的像素点数，数值越高，放大后图像越清晰，通常设置为300。

（3）尺寸单位：有像素（px）、英寸（in）、厘米（cm）、毫米（mm），后面三个为物理尺寸。

（4）最大图层数：Procreate 有图层数量限制，数量会根据画布尺寸增减。在像素尺寸下，宽高数值越大，可用图层越少；在物理尺寸下，DPI 越大，可用图层越少。

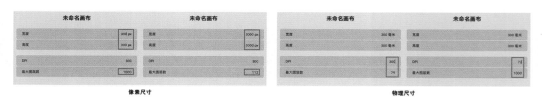

像素尺寸　　　　　　　　　　　物理尺寸

（5）RGB：显示器使用的色彩模式，如果作品只在数码平台发布，就选这种模式。

（6）CMYK：印刷使用的色彩模式，如果作品需要印刷，就选这种模式。RGB 模式的颜色比 CMYK 模式的颜色更加鲜亮。

2. 新建画布

在主页面中点击"'＋'图标"，会弹出"新建画布"窗口，系统初始设定了各种画布尺寸，可以根据我们的需求选择。如果想要自定义画布，就点击"自定义画布"图标，选择"尺寸"，输入"宽度""高度""DPI"，点击"颜色配置文件"，选择"sRGB IEC966-2.1"或"Generic CMYK Rofile"模式，最后点击"创建"按钮。

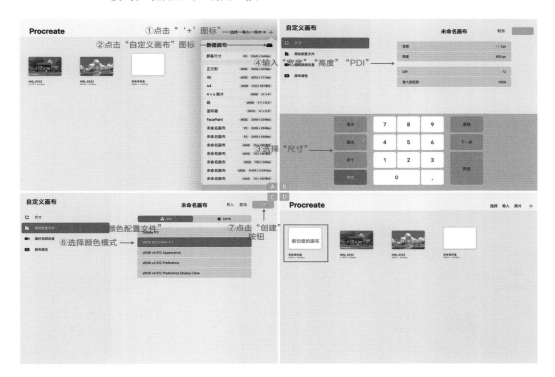

3. 重命名画布

新创建的画布名字默认为"未命名作品"，可以点击名字区域，修改画布名称。

4. 删除 / 复制画布

点击"选择"，勾选需要删除 / 复制的画布，选择"删除 / 复制"。

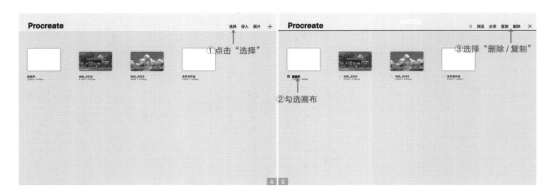

5. 导入画布

当使用多设备作画，例如在计算机上用 Photoshop 作画后，又想在 Procreate 上进行操作。可以点击"导入"，找到需要的文件，等待导入完成，得到有图层的画布，就可以使用它在 Procreate 上继续作画。

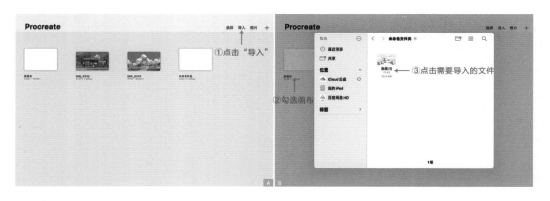

小贴士

Procreate 支持导入 PSD 文件和 Procreate 文件。

6. 组建画布堆

"堆"可以理解为画布的分组，把同一类型的画布放在一个组中，方便管理。点击"选择"，勾选需要分成一组的画布，再点击"堆"，被勾选的画布就会重叠在一起。点击这个画布堆，可以对其中的画布分别进行管理。

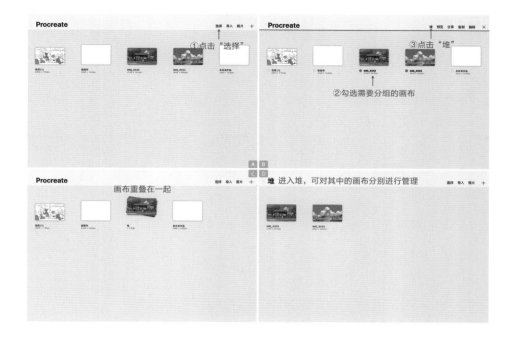

7. 裁剪画布

在作画过程中，突然发现画布大小不合适，只需要在作画页面，根据图例依次点击"'操作'图标 - 画布 - 裁剪并调整大小"，按照画面需要，移动周围 8 个锚点进行画布裁剪，最后点击"完成"按钮，便可得到新尺寸的画布。

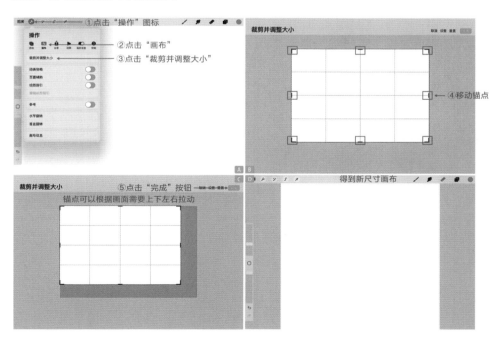

8. 保存图像

在 Procreate 中，一旦创建好画布，系统会自动保存绘画内容。在作画完成后，如果想保存为 JPEG、PNG 等格式，可在作画页面点击"选择"，勾选要保存的画布，再点击"分享"，选择要保存的文件格式，最后点击"存储图像"，即可保存图像。

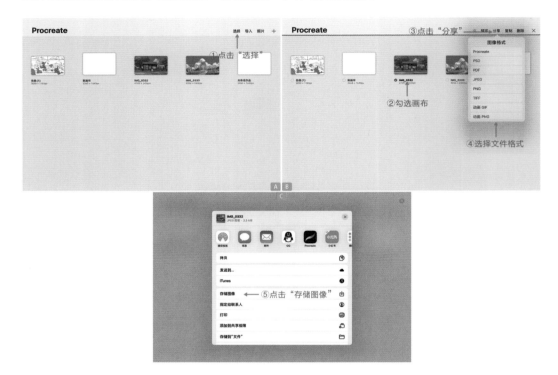

2.2.2 图层的新建、管理与设置

1. 理解图层

图层就像透明的纸，它能不断叠加，每个图层上的图案叠加后便组成了最终的画面。分图层作画最大的好处是方便修改，例如线稿和色稿分图层画，那么修改色稿时就不会影响线稿，非常便捷。

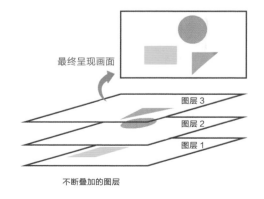

点击"图层"图标,弹出"图层"窗口,这里主要讲解绘画中常用到的图层功能。

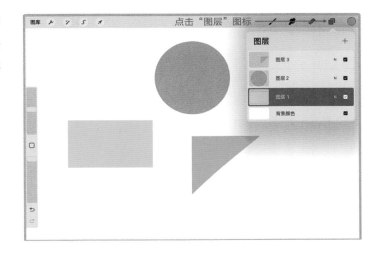

2. 新建图层

点击"+"图标,创建新的空白图层。

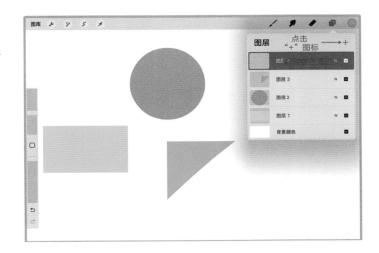

3. 隐藏图层

取消勾选图层后的复选框,图层内容将会被隐藏。

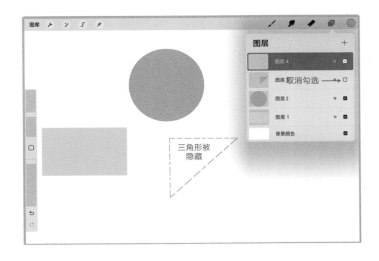

4. 删除图层

向左滑动图层栏，点击"删除"按钮。

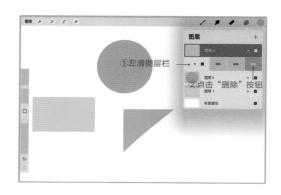

5. 复制图层

向左滑动图层栏，点击"复制"按钮，创建一模一样的新图层。

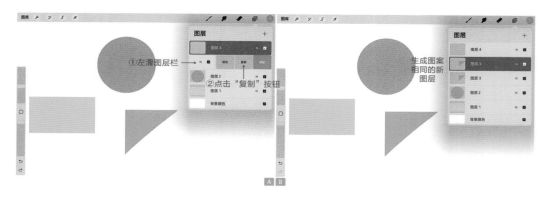

快捷手势：选中要复制的图层，三指下滑，弹出"拷贝并粘贴"窗口，点击"复制"按钮。

6. 图层组

当图层太多时，找图层十分不方便，可以运用图层组进行管理，它能批量地移动、隐藏、折叠、删除图层。依次向右滑动图层栏，进行多选，点击"组"，即可将这些图层分为同一组。随时管理图层是一个好习惯，它能提高我们的作图效率。

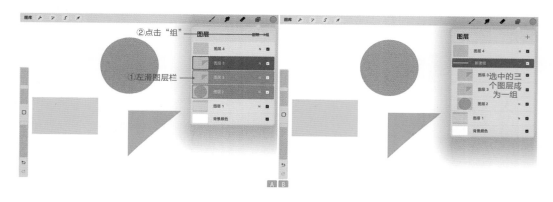

7. 合并图层

因为Procreate的图层数量是有限的，图层不够用时，可以通过"合并图层"来缓解图层压力。

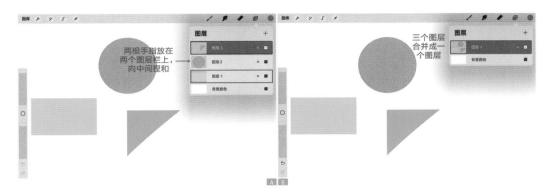

快捷手势：两根手指放在图层栏上，向中间捏合，即可合并图层。

8. 阿尔法锁定

阿尔法锁定是特别常用的功能。当图层被阿尔法锁定后，就没办法画图形以外的区域了，这个功能常被用来修改图形颜色和线稿颜色。方法是根据图例依次点击"图层缩略图 – 阿尔法锁定"。

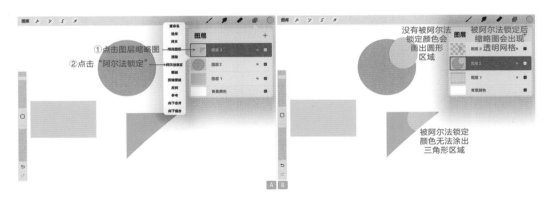

快捷手势：双指右滑图层栏就能进行阿尔法锁定。

9. 剪辑蒙版

剪辑蒙版类似于阿尔法锁定，使用后不会将颜色画出形状以外的区域。初学者会容易分不清楚两者的区别，阿尔法锁定是在原图层上操作，而剪辑蒙版是新建一个图层进行操作。这个功能在铺色、刻画细节时经常用到。

根据图例依次点击 " ' + ' 图标 - 新图层缩略图 - 剪辑蒙版"。

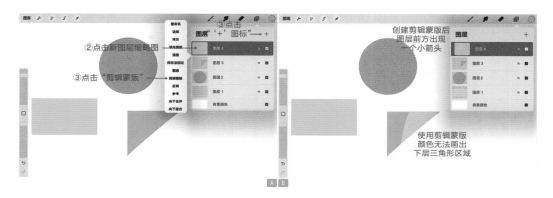

10. 降低图层不透明度

图层不透明度会影响颜色的深浅，不透明度为 100% 时颜色最深，不透明度为 0% 时颜色将完全消失。点击"N"图标，左右滑动不透明度滑条，就可以调整不透明度。

11. 图层混合模式

图层默认为正常模式，不同模式的图层呈现不一样的效果。图层混合模式在后期上色中很关键，这里只做简单的介绍，我们将会在后续上色相关章节进行同步详细学习。

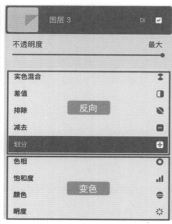

2.2.3 笔刷导入与设置

1. 画笔库

Procreate 的画笔库十分丰富，不同材质的笔刷能画出不同风格的插画，图形笔刷还能提升作画效率。点击"画笔"图标，会弹出"画笔库"窗口。画笔库分为两个区域。A 区域是画笔组，B 区域展示画笔组下的各种笔刷，可任意切换使用。

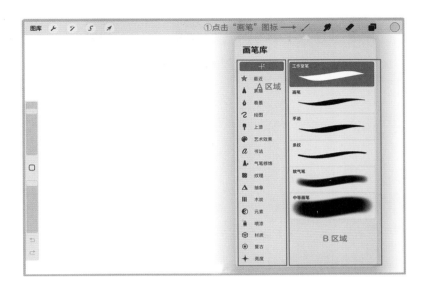

2. 画笔导入

如果 Procreate 中的笔刷不能满足使用需求，还可以导入他人制作的笔刷。Procreate 支持的笔刷文件格式为 brushset。根据图例依次点击"'+'图标 – 导入"，选择要导入的笔刷文件，笔刷即导入成功，画笔库中将会出现这个画笔组。

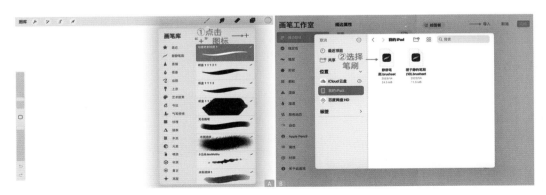

小贴士

本书所有案例将会使用下列笔刷进行演示，读者可以扫描本书封底的二维码进行领取。

铺色.brushset	云雾气.brushset	植物.brushset	基础笔刷MoWo...ushset	常规笔刷(2).brushset	静静笔刷.brushset
14:56	14:56	14:56	14:56	14:56	2023/1/4
8.6 MB	3.2 MB	5.3 MB	8.1 MB	4.5 MB	24.5 MB

3. 画笔常用设置

（1）调整大小和不透明度：在作画页面的左侧或右侧有一个属性栏，可以通过滑动上面的滑条调整笔刷大小，滑动下面的滑条调整笔刷不透明度。

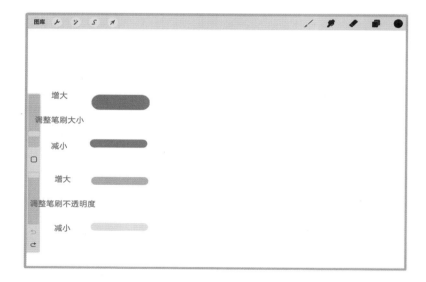

（2）笔刷参数设置：点击笔刷，在"画笔工作室"页面中，有许多画笔的参数，一般情况下不随意修改，此处只讲解常用的两个设置。

稳定性：初学者在绘画时一般有手抖的问题，导致画出的线条不够平滑。笔刷稳定性这个功能可以帮助我们解决此问题，画出丝滑流畅的线条。点击"稳定性"，将"流线－数量"和"稳定性－数量"的数值滑动到 20%~30%。

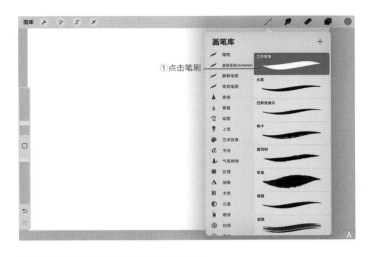

①点击笔刷

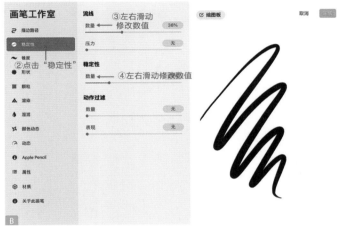

②点击"稳定性"

③左右滑动修改数值

④左右滑动修改数值

最大尺寸：如果在作画页面的属性栏中已经把画笔尺寸调到最大，但使用起来画笔粗细变化依旧很小，可以点击"属性"，将"最大尺寸"的数值调大。这样笔刷的粗细对比就会更强，铺色的效率也更高。

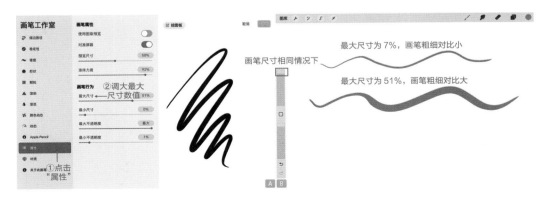

②调大最大尺寸数值

①点击"属性"

画笔尺寸相同情况下

最大尺寸为7%，画笔粗细对比小

最大尺寸为51%，画笔粗细对比大

2.2.4　调色盘与吸管工具

1. 调色盘

　　点击"颜色"图标，会弹出"颜色"窗口，它也被叫作调色盘。这里可以选择任意颜色，在窗口最下方还能切换不同的调色盘模式，绘画常用的是"色盘"和"经典"两种模式。

2. 吸管工具

　　吸管工具用于吸取画面中的颜色，它是高频使用的工具，一般会搭配快捷手势来进行操作。

　　根据图例依次点击"'操作'图标－偏好设置－手势控制－吸管"，打开"触摸并按住"和"Apple Pencil 轻点两下"，最后点击"完成"按钮，这样两种快捷手势就设置好了。

快捷手势 1：单指长按色块，即可吸色。

快捷手势 2：双击笔杆，用笔尖点击色块，即可吸色。

2.2.5 常用的偏好设置

1. 动态画笔缩放

在作画过程中，画布会随时放大缩小，但笔刷的大小不变，这样会导致我们在放大画布画细节时，会因为笔刷过小而降低效率。

根据图例依次点击"'操作'图标－偏好设置"，打开"动态画笔缩放"，笔刷大小就可以自动适应画布缩放，这项功能会随时保持开启。

2. 画笔光标

根据图例依次点击"'操作'图标－偏好设置"，打开"画笔光标"，这个光标会反馈出画笔当前的大小、形状和位置，初学者在刚开始适应 iPad 时可以打开。

3. 压力与平滑度

由于每个使用者的力量不同，因此使用笔刷呈现的效果有差异，力量大的画手正常力度画出的效果，力量小的画手可能需要用更多的力气，才能达到同样的效果。

根据图例依次点击"'操作'图标－偏好设置－压力与平滑度"，向左提高曲线，用笔更轻松；向右降低曲线，用笔更费力。

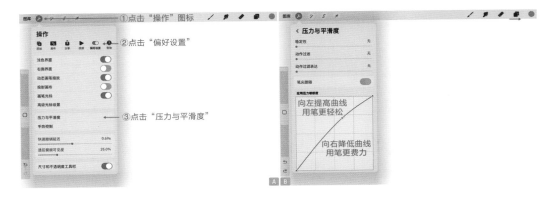

4. 防止手指误触

　　Procreate 支持手指绘画，但在用笔作画时，手指接触屏幕会画出多余的线条。根据图例依次点击"'操作'图标 – 偏好设置 – 手势控制 – 常规"，关闭"启用手指绘画"，最后点击"完成"按钮。这样手指在画面上随意滑动，也不会弄脏画面了。

快捷手势操作汇总：此处只罗列常用或系统默认的手势操作，读者还可以在"操作 – 偏好设置 – 手势控制"中根据个人习惯进行设置。

快捷手势操作汇总	
放大 / 缩小画布	双指放开 / 捏合
旋转画布	双指捏住旋转
撤销	双指轻点
吸色	单指长按
观察整体	双指迅速捏合
复制 / 粘贴	三指下滑
清除图层	三指左右滑动
合并图层	双指捏合图层栏
移动图层	单指长按图层栏并移动
选中图层	单指左滑图层栏
阿尔法锁定图层	双指右滑图层栏

第3章
绘制萌系物体

在本章中我们会学习绘制萌系物体的方法，比如扁平概括法和立体设计法，以及小清新花艺摆件、魔法水晶瓶的设计方法。

CHAPTER 03

3.1 扁平概括法和立体设计法

在本节中我们将学习扁平概括法和立体设计法，它们是绘制精致小物件的常用方法。

3.1.1 物体的扁平概括法

在生活中我们可以看到许多简单的、扁平化的图形，虽然它们的造型色彩简单，但却能表现出最明显的物体特征。简单的形象不仅更容易给观众留下深刻的印象，还能起到很好的点缀作用，既装饰了画面又不会抢夺视线。

简单的形象容易被记忆，也可以做更多的延伸设计

用扁平的图形
丰富细节

用扁平的图形强调前后
空间，近处的立体，
远处的扁平

生活中各种复杂的物体都可以用几何图形来概括，如圆形、正方形、梯形、三角形等。扁平概括法就是运用几何图形来概括物体特征，再通过艺术化的处理创造出可爱有趣的图案。

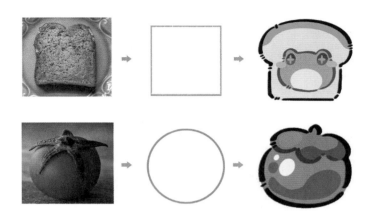

如果想把一个立体的物体设计成平面的感觉，那么在我们观察物体时就要选择正视、正俯视等角度，这样就只能看到一个面，更容易简化。

在正视和正俯视角度下，基本上智能看到苹果的一个面　　　　　在微俯角度下，能看到苹果的顶面和侧面
形状比较简单　　　　　　　　　　　　　　　　　　　　　　形状更复杂

在绘画中，首先用几何图形画出物体的外部轮廓，然后强调它的基本特征，例如苹果是上宽下窄的形状，那么按照这样的特点来细化苹果轮廓，就画出了扁平化的苹果。

用几何图形画出轮廓　　　　　　　　　　　强调特征

3.1.2　物体的立体设计法

　　除了扁平设计类的插画，其他大多数插画都会强调物体的立体感。有立体感的物体造型丰富，会显得更加精致，能很大地提高画面的完成度。并且有立体感的框架会有更多的空间进行创意组合，设计出可爱丰富的图形。

如果想表现物体更明显的特征，展示更多的细节，那么可以改变物体的展示角度，这样就能看到物体的多个面，物体就有了立体感。立体法在物体设计中是非常常用的方法。

想画出有立体感的物体，就要挑选物体的最佳角度，略微俯视的视角是最常用的角度。例如下方两张照片，在正俯视的角度下只能看见蛋糕上的水果，但降低一下视角，在斜俯视的角度下既能看见顶部的水果，也能看见蛋糕的形状。

正俯视　　　　　　　　　　　　　　　斜俯视

当画出了物体的多个面之后，就有了更多的空间来设计装饰，这样整个物体就变得生动形象起来。

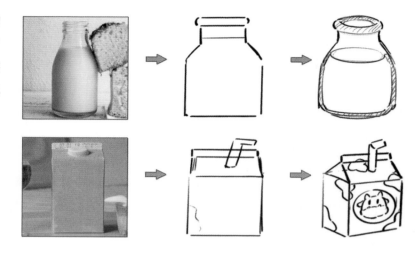

3.2 小清新花艺摆件的设计

在上节中我们学习了扁平概括法，下面就用这个方法来画一个花艺摆件，在过程中再次复习提炼和简化的方法。

1. 设计草稿

花艺摆件由花瓶和花卉组成。花瓶可以简单地看作梯形，而花卉的花朵、枝叶复杂，初学者看到这类物体可能会觉得十分头疼。首先我们要忽略花朵内部的细节，只关注整体轮廓，这里用圆形表示花朵的位置，然后用线条画出枝叶的走势。接着来细化造型，通过观察实物花朵，可以看出花瓣像是来回包裹的三角形，叶片像一个个椭圆形在树枝上排列。按照这样的特点，画出花瓣和叶片，真实的花瓣边缘是尖锐的，但在绘画时我们可以主观地处理，把边缘画得圆润一些，这样设计出的造型会更加可爱。

2. 绘制线稿

降低草稿图层的不透明度，然后在上方新建图层进行勾线。

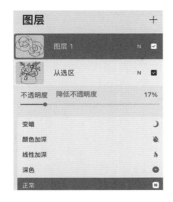  

3. 平涂上色

使用"工作室笔"笔刷在线稿下方图层涂出固有色，注意不同的物件要分图层上色。这一步比较简单，只需要用颜色仔细地把空白区域填满，不要留下缝隙。

色卡 #fe9baa #ffddc6 #a6dda4 #a1d2f6

4. 刻画细节

这一步的主要目的是增加物体的体积感和装饰性。先新建图层，创建"剪辑蒙版"，然后在这个图层上操作。首先细化花瓣，在花心和花瓣重叠处用偏紫的颜色画出暗部，然后在每片花瓣的边缘用偏黄的亮色画出花瓣的高光，这样就丰富了花瓣的细节。

叶片和配花的画法比较简单，直接用深色把叶片中间加深，然后给标签画上一些装饰和文字。

被花瓣压住的瓶口、花瓶底部和右侧都处在暗部，这里用更深的蓝色画出来，然后用更亮的青色画出瓶身的高光。花瓶上也可以加一些条纹的装饰，这里我们用黄色点缀，让画面色彩更丰富。

5. 修改线稿颜色

　　黑色的线稿在画面中比较突兀，找到线稿图层，用快捷手势——双指左滑，把图层"阿尔法锁定"。然后吸取物体的颜色，加深一些涂在线稿上，注意每换一个物体都要调整颜色。

<u>3.3</u>　魔法水晶瓶的设计

　　圆形的透明物体很难表现出立体感，本节我们就选择水晶瓶作为案例，用立体法来画一个魔法水晶瓶。

1. 设计草稿

　　要画出立体的玻璃瓶有两个要点，一是要画出玻璃的厚度，二是借助内部的物体来暗示立体感。使用"勾线特别好用"笔刷，首先画一个椭圆形当作瓶身，再画出矩形的瓶口，因为是透明的，所以能看见瓶塞的结构，同样用矩形将它表示出来，这样就得到水晶瓶的轮廓了。然后画出瓶中的液体，液体形状可以画成一个横着的"8"，会有流动的感觉，并且要和玻璃瓶壁隔开一些距离，这样画出来的玻璃瓶就有了厚度。

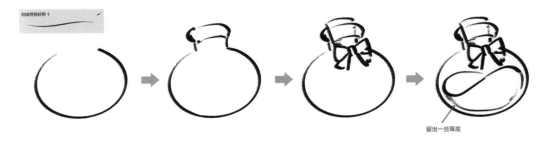

2. 绘制线稿

降低草稿图层的不透明度，然后在上方新建图层勾线。这里我们用点线结合的方式来画线条，瓶身的线条流畅，而瓶口位置结构变化多，可以用断线、点来表现，这能让线稿更加灵活生动。

3. 平涂上色

上色使用"工作室笔"笔刷。瓶身虽然是透明的，但是受到瓶中紫色液体的影响，也会有偏紫色的感觉，因此我们可以选浅紫色或者浅蓝色为玻璃瓶上色，靠近轮廓的位置可以留白，用来暗示玻璃瓶的厚度。

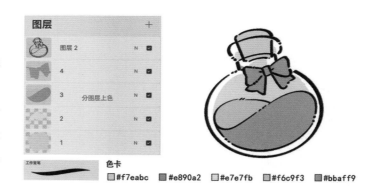

色卡
☐ #f7eabc　☐ #e890a2　☐ #e7e7fb　☐ #f6c9f3　☐ #bbaff9

4. 刻画细节

新建图层，创建"剪辑蒙版"，选择更深的颜色画在物体的暗部。为了有魔法的感觉，玻璃瓶内部的液体可以用紫色、黄色去点缀。

然后把玻璃瓶的边缘用深一点的蓝色压暗，表现出玻璃上的反光，最后在线稿的上方新建图层，用白色画出清晰的高光，这样就有了坚硬透明的玻璃质感了。

高光画在线稿上方的图层把线稿挡住

5. 修改线稿颜色

用快捷手势——双指左滑，把图层"阿尔法锁定"。然后吸取周围的颜色，略微加深一些，修改内部线条颜色，外部线条颜色修改为深褐色。这样一个可爱的魔法水晶瓶就画好了。

第4章

软萌可爱的动物设计

在本章中我们会学习到如何绘制软萌可爱的动物，比如如何将动物设计得更可爱，以及如何绘制可爱的小熊、有趣的兔子泡芙。

CHAPTER

04

4.1 如何将动物设计得更可爱

动物在文创产品中是一种常见的元素，大众对动物的接受程度高，且因为它们种类丰富，可以满足不同消费者的个性选择。软萌可爱的动物设计更能赢得消费者的喜爱。

4.1.1 动物简化和拟人化的方法

软萌可爱的动物既可以增加画面的故事性和趣味性，在产品中起到装饰作用，也可以进行非常丰富的 IP 形象延伸，因此以动物形象创作的文创产品有庞大的消费市场。

对于插画初学者来说，从画萌萌的小动物入手，简单易学，可以选择的题材丰富，更容易激发想象力，那么就来看看毛茸茸的动物们怎么画吧。

卡通动物的头部普遍以椭圆形为主，所以五官就成了区分动物的主要特征，因此想画出动物的差异，要着重强调五官的特点。

（1）小熊

小熊的脸型整体来看是上窄下宽的。耳朵呈圆弧状，不要画出过于方正的图形。用两个半圆概括小熊的嘴巴，这部分离眼睛近一点，会显得更加可爱。

（2）猫咪

猫咪的耳朵适合设计成圆润的小三角形，注意不要出现尖锐的角。猫咪的胡须缩短一些会更可爱，在一些需要印刷成实物的图案中，不建议出现单独的线条，这样不利于成品的印刷。

用于贴纸的图形不要出现
单独的线条哦！

（3）兔子

兔子的主要特点是耳朵，它们适合被画成直立的状态，但不宜过长，整体呈现出胖胖的M形。

（4）小狗

小狗的耳朵适合画成垂耳，并且舌头也是它们非常鲜明的特点，吐舌头的动作还可以增加画面的趣味性。

4.1.2　让动物变有趣的元素结合法

可爱的小动物们很适合被设计成故事性的、有趣味性的创意图案。这些加入了创意设计的插画，会更有商业价值，它们可以和食物、人物、植物等进行组合设计，制作成各种立牌摆件，这在文创市场中非常受欢迎。

想让两个不相关的物体巧妙地融合在一起，我们可以先从颜色上进行联想，找到比较相关的元素。比如黄色的小鸡可以和布丁组合，白色的绵羊可以和奶油组合，这样在配色上就会比较统一。然后来设计物体的造型，把局部的结构改成动物的特征，这样就把它们结合在一起了。

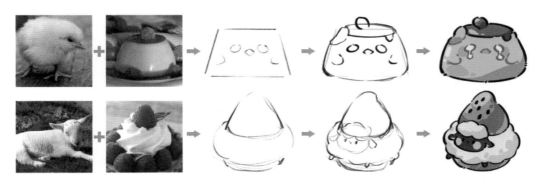

如果两个物体没有明显的关联性，那么可以给小动物设计拟人的动作，和物体产生联系，增加元素之间的互动感。

4.2 拟人法——绘制可爱的小熊

在 4.1 节中我们学习了拟人化的方法，下面就用这个方法来画一个可爱的小熊。

1. 绘制草稿

使用"勾线特别好用"笔刷画出草稿，这里我们设计一只坐着的小熊公仔。在坐姿状态下，它的头部和身体比例大致是 1:0.5，先画好大致的轮廓，头部可以看作一个椭圆形，坐着的身体看作一个梯形。

2. 绘制线稿

降低草稿图层的不透明度，然后新建图层，勾出小熊的线稿，最后隐藏草稿图层。勾线时要注意，毛茸茸物体的线稿可以不用太平滑，画一些小波浪线和断线，更能体现毛绒的质感。

3. 平涂上色

在线稿下方新建图层，给小熊涂上浅浅的橙色。

工作室笔

色卡
☐ #fce1ce

4. 刻画细节

再次新建图层，创建"剪辑蒙版"，用粉嫩的浅红色画出小熊的腮红、耳朵、爪子，再用浅黄色画出小熊的肚子。

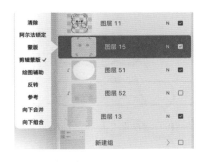

5. 修改线稿颜色

将线稿图层进行"阿尔法锁定"，吸取物体的颜色，略微加深一下，修改内部线稿的颜色。再使用偏白的颜色，在小熊的眼睛上画出高光，这样就绘制完成了。

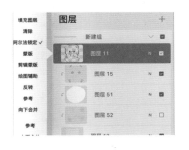

4.3 元素结合法——绘制有趣的兔子泡芙

在 4.1 节中我们学习了元素结合法，下面就用这个方法来画一个有趣的兔子泡芙。

1. 绘制草稿

通过观察泡芙的形状，发现它由上下两块派皮和中间的奶油组成，奶油和兔子都是白色的，因此我们可以把它们结合在一起。首先用几何图形概括出大致的轮廓，然后把中间的椭圆形画成有大大耳朵的垂耳兔，最后画出上下派皮的形状。

2. 绘制线稿

降低草稿图层的不透明度，新建图层，使用"勾线特别好用"笔刷沿着草稿勾出线稿。在奶油和派皮的交接处，可以让派皮的线条往里收一些，这样能体现出奶油的厚度。

让奶油覆盖在派皮上体现奶油的厚度

3. 平涂上色

在线稿下方新建图层，分图层填充每个物体的颜色。

色卡
#f0f0f0　#fce1ce　#975ffe

4. 刻画细节

烘焙食物的颜色是渐变的，比如烤得焦的地方颜色会更深。我们可以使用"均匀喷枪"笔刷，把派皮的底部喷上比较浅的颜色，派皮的上部用饱和度偏高的橙黄色加深。

然后再次新建图层，创建"剪辑蒙版"，把模式修改为"正片叠底"。因为设计的光源是在上方的天光，因此派皮的暗部在底部，并且奶油会对派皮产生投影。按照这个逻辑，把所有的阴影画出来，最后在派皮的上方点缀一些浅黄色的高光。

按照同上一步一样的分析方法，给奶油也画上投影和高光。

接着用浅粉色画出兔子的腮红，由于兔子的固有色接近白色，可以用浅蓝色来画兔子的暗部，把兔子的内侧耳朵和派皮下方的头部压暗。这样一个兔子泡芙就完成了。

第5章
绘制萌系人物

在本章中我们会学习萌系Q版小人的画法，以及萌系Q版小人的设计拓展，最后用一个牧羊少女立绘作为案例演示。

CHAPTER 05

5.1 萌系Q版小人的画法

Q版人物风格兼容度很高，无论是动漫角色、明星，还是普通人，都可以被设计成Q版人物。因为它们造型夸张可爱，所以得到了各类消费群体的喜爱。

5.1.1 简单的Q版头像画法

在生活中，我们常常能看到人们使用Q版人物作为社交媒体的头像。Q版头像很适合设计各种夸张的表情，外化了人物情绪，让画面更加生动，增加了趣味性。

各种Q版同人形象

| 陶醉 | 开心 | 暴躁 | 惊讶 |

真实的人脸比例通常满足"三庭五眼"的标准。"三庭"指发际线到眉毛（上庭）、眉毛到鼻翼下缘（中庭）、鼻翼下缘到下巴尖（下庭），每块区域高度相等。"五眼"指以一只眼睛作为衡量单位，脸部的宽度正好为五只眼睛的宽度和。

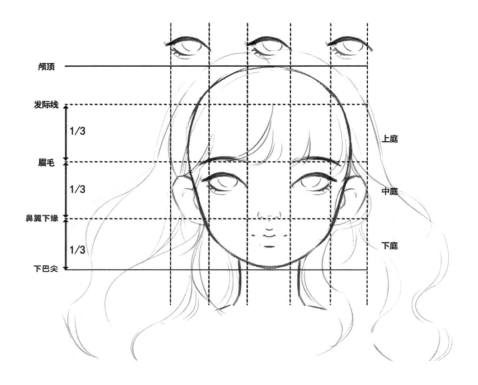

而 Q 版人物和小孩的面部特征类似，头较圆，脸颊有肉感，最重要的一点是他们的中庭、下庭较短，五官集中，眼睛较大，面部留白少。

头较圆、脸颊有肉感、五官集中、眼睛较大

1. 正面脸部的画法

　　画正面的脸时，我们可以运用 Procreate 的"对称"工具来辅助作图。首先画一个圆形，不抬笔，左手轻触屏幕，这样就能得到一个正圆形。根据图例依次点击"'操作'图标－画布"，打开"绘图指引"，再点击"编辑绘图指引－对称"，长按蓝点移动对称线，把它拖到圆形的中心位置，这条线也是脸部的面中线。这样在"对称"工具的帮助下，只需要画出一边的图形，另一边就可以同步显示出来。

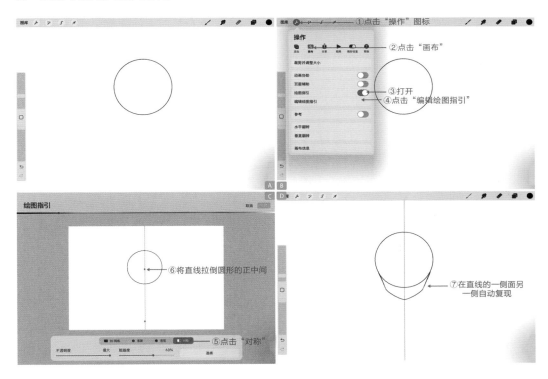

　　在圆形的三分之一处画出圆圆的下颚线，注意不要画得太长，否则下巴越尖，幼态感就会越弱。五官集中，且位置靠近中庭的下半部分。

　　眼睛是 Q 版头像的主要设计点，眼眶可以画得比较大，然后依次画出上眼睑和眉毛，鼻子可以省略，嘴巴基本和下眼眶齐平，最后在与眼睛同高的位置用两个半圆画出耳朵，一个正面的脸部就画好了。

2. 半侧面脸部的画法

半侧面也被叫作四分之三侧面，这个角度的脸部会比正面更常用到。因为头部转动，所以我们看到的脸部轮廓会发生改变，五官的位置也有所不同。以向右转的半侧面为例，右侧的耳朵会被挡住，脸颊肉更明显，眼睛会受到"近大远小"的透视影响，右侧眼睛离镜头更远，因此会比左眼略小一些。

同样是在圆形三分之一处画出下颚线，右侧的脸颊会更加突出，左侧的下颚线连接到耳朵。因为头部是个球体，所以半侧面时面中线应该呈一个向右凸的弧形。然后在中庭位置画出五官，眼睛受透视影响，整体位置会靠右偏移，右眼会比左眼略小。

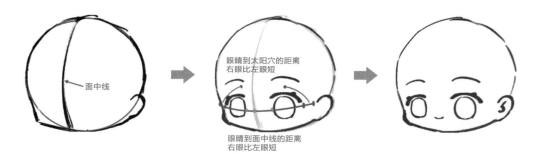

5.1.2　简单的Q版人体画法

人物常作为插画的主要角色，近年来在商业市场中，以企业或个人为原型设计Q版形象插画的需求逐渐增多。设计精美、具有记忆点的Q版形象能成为企业或者个人的独特标签，每当人们看到这个形象，就能联想到对应的主体，通过这样的软宣传方式，可以吸引人们的注意力，提升人们的好感度。

1.Q 版人体的头身比

在绘画中，我们一般用"头"作为计量单位，人物的身高占几个头的长度，就是几头身。Q 版人物常用的身高有 3 头身、2.5 头身和 2 头身。身高越矮，人物年龄就越小。他们最明显的特点就是人物头部占比大，身体较窄小。

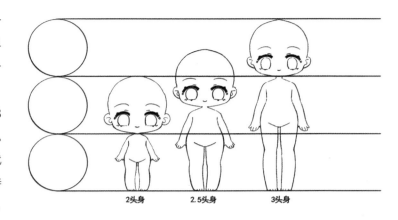

2头身　　　　2.5头身　　　　3头身

2. 正面人体的画法

首先确定人物身高，先画一个正圆形，左滑图层栏，点击"复制"，连续复制两次，得到三个有正圆形的图层。然后点击"'选择'工具"，打开"对齐"，移动三个正圆形，把它们垂直排列，形成 2.5 头身。

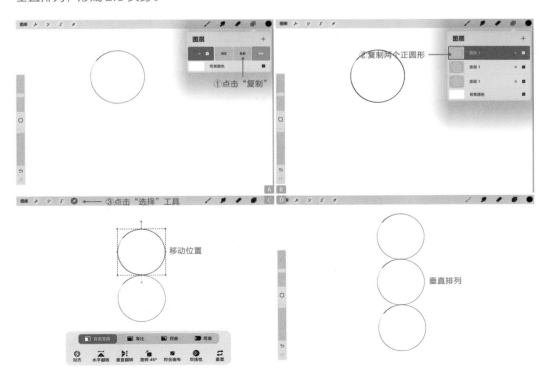

接着我们用几何图形归纳人体的结构，第一个圆形画头部，躯干不宜过长，到第二个圆形的二分之一处就足够了，可以用一个梯形来概括，然后衔接倒梯形的胯部，最后剩余的位置用矩形画出大腿和小腿，手臂从肩膀延伸出来，长度到胯部附近。

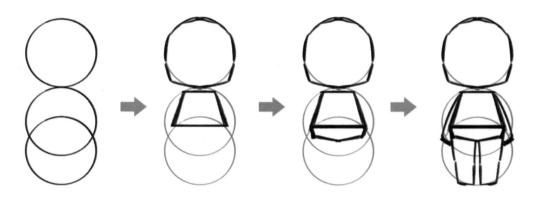

再新建一个图层，沿着结构用柔和的线条画出身体的轮廓。肚子可以画得圆润一些，显得更可爱。

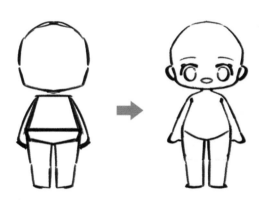

然后给小人上色。新建图层，先整体涂上肤色。然后在上方使用"剪辑蒙版"，手脚皮肤较薄，用"均匀喷枪"笔刷画出粉色的红晕。再用偏红的颜色涂出脖子、耳朵、腋下的阴影。

画出脸部腮红，然后把整个眼眶涂上偏白的颜色，瞳孔上半部分填充棕色，下半部分填充黄色，中间画上星星，眼睛就画好了。最后修改线稿颜色，并且在眼睛的线稿上方点出高光。这样一个Q版的人物素体就完成了，后续我们就可以使用它做更多的人物设计。

3. 半侧面人体的画法

和正面人体的步骤相同，先定出一个2.5头身的高度。由于人物向右转向，人体中线会向右凸产生弧度。胸腔和胯部依旧类似梯形，但受透视影响会发生形变，右边胸腔面积变小，右侧的大腿、手臂会被遮挡。然后新建图层，沿着结构勾出身体的轮廓，线稿就完成了。

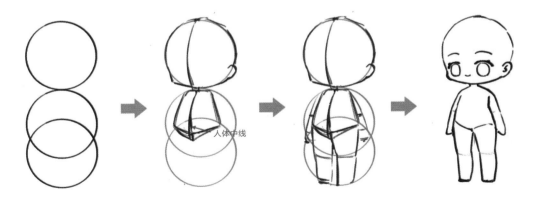

最后，按照正面人体的上色方法进行上色，就得到了一个半侧面的 Q 版人物素体。

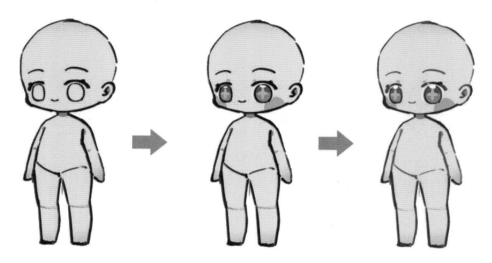

小贴士

长时间看一个画面，我们的眼睛会产生视觉习惯，导致无法发现画面中的问题。在画人物时，这个困扰会特别明显。为了避免这种情况，我们在绘画时，可以随时水平翻转画布进行检查，这样就能一眼看出画面中不和谐的地方。

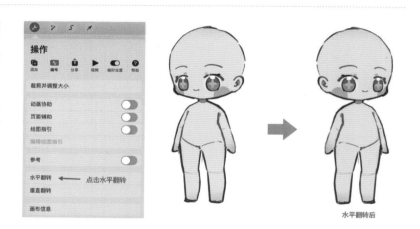

5.2　萌系Q版小人的设计拓展

本节将介绍萌系 Q 版小人的设计拓展，包括动态造型延伸设计、发型和服装延伸设计、让人物变得特别的拼接法。

5.2.1　动态造型延伸设计

当人物的动作变得丰富时，人体结构就会产生挤压，受透视影响发生形变。为了准确地画出动态下的人体结构，我们要学会使用立体的体块归纳人体、设计人物的动态线。

1. 人物体块

　　人体主要由头部、胸腔、胯部、四肢这四大结构组成。胸腔常用长方体概括，胯部像长方体和倒着的棱台的组合体，大臂和小臂都用圆柱概括，中间用球体连接，腿部也是同样方法概括。

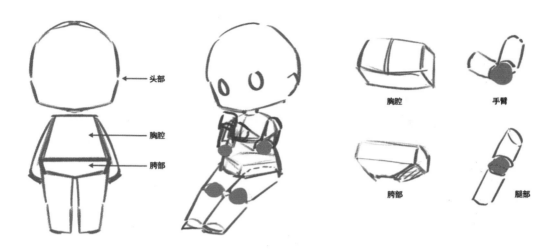

　　体块不仅能帮助我们分析人体动态，还能在绘画中帮我们定出正确的结构位置，找到正确的透视，然后在体块的基础上，就能很容易地画出人物的肉身了。

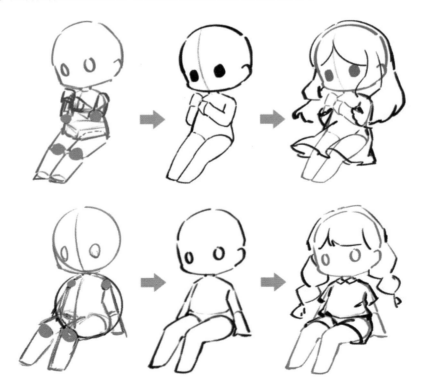

2. 动态线

　　想让人物有特别丰富的动感，关键是要设计人物的动态线。当人物直立时，纵向平分身体的那条线就是人体中线，它是垂直于地面的。如果观察动态感强的人体，就会发现这条人体中线呈现出了"S 形"的动态曲线。

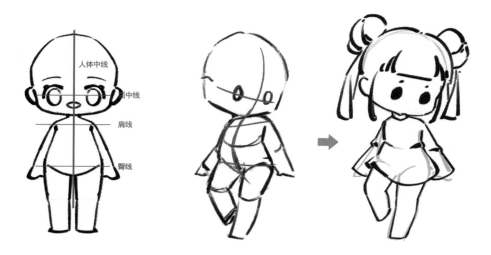

　　想设计出这样的动态线，就要让头部、胸腔、胯部旋转扭动起来，让面中线、肩线、臀线不再相互平行，这样就能产生动感，并且这三条线的倾斜角度越大，动态感就越强烈。

5.2.2　发型和服装延伸设计

　　下面介绍发型和服装延伸设计，我们可以学习 Q 版人物的男生发型、女生发型、男生服装、女生服装的设计。

1. 发型设计

　　Q 版人物没有明显的性别特征，因此通常会用发型来进行区分。人物的发型、发色可以反映出他们的性格特征，例如高马尾发型更有活力、双马尾发型显得可爱、丸子头发型独特奇异。

人类的发丝不计其数，绘画时不能强求画出每根发丝，而是要进行归纳分区。头发整体可以分为刘海、耳发和后发，然后在每一块区域里再次进行细分，分成大中小面积不同、形状不同、方向不同的发片。

（1）男生发型

男生的发型比较简单。先画出大致的轮廓后，在头顶定出一个发旋，刘海从这个点顺着头部曲线画出，并且头发是有厚度的，因此不要紧贴头皮绘制。接着细化每一个发片，形成有变化的发束，可以进行有大中小变化的分割，或者改变发丝走向，让头发相互穿插，这样刘海就画好了。男生的后发主要是设计头顶的造型，用像树叶的形状沿着头颅曲线进行概括即可。

（2）女生发型

女生的头发比较长，可以做的造型更多，例如披肩发、马尾辫、麻花辫等。无论哪种造型，都可以用分区归纳的方法绘制。卷发通常会用"S形"来概括，可以画出发丝相互穿插的状态，这样更能体现卷发的蓬松和造型感。

麻花辫看起来比较复杂，其实它很像一个个爱心排列后形成的形状。按照这样的规律，就能画出各种款式的辫子。

2. 基础款的服装设计

服装是人物设计中的重点，它能展现人物的性格、属性特征，是最具个性化的表现。在进行创意设计之前，我们首先来学习基础款服装的画法，在这个过程中，学习衣服的概括方法、褶皱的画法，为接下来的服装设计做好准备。

（1）男生服装

　　男生的基础款服装多以 T 恤、裤装为主。我们先用几何形画出服装的轮廓，T 恤可以看作由三个矩形组合形成，裤子也归纳成矩形，为了丰富一些，可以增加两条背带。注意衣服是有厚度的，因此不能直接贴在皮肤上画，而是要留出一些距离，这样才更加真实。

　　衣服的面料柔软，受到挤压和堆积会产生褶皱。例如背带是压住 T 恤的，因此要把背带画高一点，这样才能体现叠压的厚度；袖口、衣摆会堆积，在这些部位要有突出的小褶皱；领口、袖口、裤腿和皮肤衔接的地方要比身体宽一点，这样才能体现厚度。

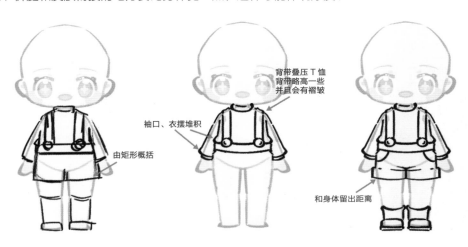

由矩形概括

袖口、衣摆堆积

背带叠压 T 恤
背带略高一些
并且会有褶皱

和身体留出距离

（2）女生服装

女生除T恤、裤装以外，裙装也是很常见的搭配。女生的衣服在基础T恤版型上有更多的设计，例如各种衣领、泡泡袖等。我们同样先用几何形概括出基本轮廓，裙子的整体呈现梯形；泡泡袖上窄下宽，可以把小臂处画得饱满，让面料有"蓬起来"的感觉；手腕处收紧，连接褶皱花边，这样的褶皱一般用"Z"字形的线条来表现，裙摆的褶皱也这样绘制，连衣裙就完成了。

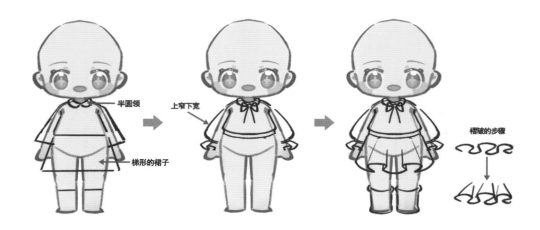

5.2.3　拼接法——让人物变得特别

在做人物设计时，通常会给人物设定一个主题，它可以是动物、植物，甚至是物品。人物的服装、发型、配色都会围绕这个主题展开，通过拼接把设定融入人物中，这样就能让人物形象更加鲜明。例如下方的案例，它通过黑白花纹、牛奶、牛角辫等特点，设计出了奶牛属性的人物形象。

在选择主题时，动物和植物是特别好拼接的元素。它们本身的形态很容易和基础版型的服装结合，设计出各种独特的服装造型。

在植物元素中，花朵和裙摆的形状很像，因此可以通过裁减、夸张的手法把基础的裙子画成花朵造型，这也是植物拼接最直接的方法。并且花卉还可以作为配饰、花纹给人物的造型增加更多设计感，例如头发的发饰，人物的手持物等。

同样可以在服装上融入动物元素的特征，例如毛绒的动物，可以在服装上加入毛绒的元素，或者设计兽耳、兽角、尾巴、帽子等。而一些形态比较美丽的动物，例如鱼、水母等，可以把动物的造型运用在服装上。在配色上，通常会运用和主题物相关的一些颜色，能更加呼应主题。

除了服装上的拼接，还可以展开联想，找到和动物相关的职业，那么这个职业就可以自然地成为人物的人设。再从职业出发，就能挖掘出更多可以使用的元素。例如鸽子送信，会让我们联想到邮差，那么鸽子主题的人物，就可以设定为一个邮差，除了把服装的造型设计成翅膀的形状，还可以让他拿上信件、带上邮差帽、配上羽毛笔。

5.3 案例：牧羊少女立绘

本节我们将运用人体、动态、服装设计的知识，设计一个人物立绘，在巩固前面知识点的同时，也对人物的上色、细化方法进行学习。

1. 设计草稿

从"牧羊少女"这个关键词出发，扩展关键词，如羊、放羊、羊毛、牧草等。因此，在服装设计上可以融入羊毛、羊角等元素，这里笔者直接使用上一节的服装设计例图。

立绘的人物通常会有一个简单的动作，我们结合"牧羊"这个关键词，可以给人物设计一个骑在羊背上放羊的动作。首先用体块人画出人体动态，让人物横坐在羊背上，手部动作可以是人物拿着一根树枝喂羊，这样趣味性更强。然后再根据服设，依次画出人物的头发、绵羊帽子、服装。

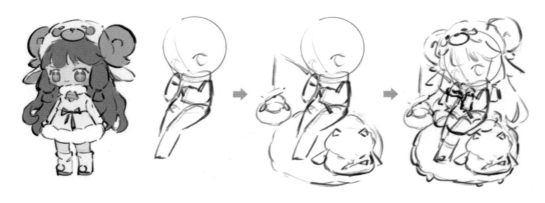

2. 绘制线稿

新建图层，使用"勾线特别好用"笔刷勾出线稿。线稿会因为物体结构、材质的不同，呈现出不同的形态。

例如毛绒的质感比较粗糙，因此可以运用短线和点结合的方法绘制；而头发比较柔顺，就需要用更流畅的长线条。物体和物体叠压时形成的狭小区域光线无法照射进去，会产生闭塞阴影，在这些地方就可以把线条着重加粗。这样有粗细变化和节奏感的线稿能够增加画面的完成度。

3. 平涂底色

新建图层，使用"工作室笔"笔刷平涂底色，注意物体较多的图一定要分图层上色，初学者建议每画一个物体就新建一个图层。

色卡
- #dda78b
- #e4c598
- #ffffeb
- #ffecdb
- #fffff6
- #faab92
- #a7d095
- #ffc87e

4. 细化皮肤

找到皮肤图层（图层 10），在上方新建图层，使用"剪辑蒙版"进行细化。后续对每个物体进行细化时，都要分别建立"剪辑蒙版"。

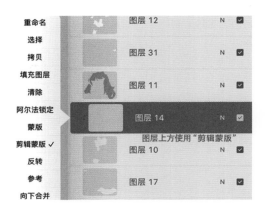

重命名		图层 12	N ☑
选择			
拷贝		图层 31	N ☑
填充图层			
清除		图层 11	N ☑
阿尔法锁定			
蒙版		图层 14	N ☑
剪辑蒙版 ✓		图层上方使用"剪辑蒙版"	
反转		图层 10	N ☑
参考			
向下合并		图层 17	N ☑

先用粉色画出脸上的腮红，手和膝盖上画出一些轻薄的红晕。接着画出皮肤的暗部，这里设定光线从上方来，因此头发会对下方的额头、裙子会对下方的大腿产生投影，将它们用偏红的粉色画出来。这样皮肤就细化好了。

5. 细化眼睛

　　细化眼睛时可使用同色调的黄橙色。先用淡黄色打底，再使用饱和度高的橙色画在上半部分；接着使用"四毛特效"笔刷在眼睛里点出星星，下面用明亮的黄色提亮；然后在上眼睑用偏灰的颜色画上淡淡的投影，最后找到线稿图层，用白色点上高光，这样亮晶晶的眼睛就画好了。

6. 细化头发

　　选择浅一点的颜色涂在后发上，这样可以拉开前后发的空间，也可以让后发更加"透气"。然后来分析头发的投影和暗部，光源在上方，那么所有朝下的面都会处在暗部。例如刘海是有弧度的，它的下半部分就无法被光线照射到；旁边的辫子可以看作两个圆锥，那么倒着的圆锥就会处在暗面。按照这个方法，画出所有的暗部。

投影是上方物体对下方物体产生的阴影，因此在帽子的下面、相互叠压的头发的区域都会产生投影，可以选择一个比暗部颜色深一点的颜色来画。最后在留出来的亮部区域用浅橙色点出头发的高光。

7. 细化服装

服装是偏白的浅黄色，在选暗部颜色时千万不要使用灰色。这里我们选择饱和度比较低的蓝色画出衣服的暗部，然后用浅黄色把边缘提亮，再用一个较深的蓝色强调出闭塞阴影。

毛绒的暗部可以使用偏橙的浅黄色，因为毛绒边缘像是一圈不规则的波浪形状，它的暗部也可以画成波浪状，注意不要过于平均，要有大中小的变化。然后按同样的方法画出羊角、树枝等装饰物的亮暗部，服装就细化好了。

8. 细化小羊

　　先画出人物对下方小羊产生的投影，然后把小羊看作球体，画出它的暗部，方法和毛绒暗部的画法相同。最后点出羊角的暗部和高光。

9. 添加装饰

　　使用"描边笔刷"，在头发上画出交叉的绑带和发夹，让人物的脸部凸显出来，牧羊少女的立绘就完成了。

第6章
绘制萌系场景

本章将介绍如何绘制萌系场景，包括如何打造有世界观的插画，以及如何绘制微观小场景插画——熊仔饭团的旅行、萌系平面小场景插画——梦幻教堂。

CHAPTER

06

6.1 打造有世界观的插画

在插画师的成长过程中，除了保持各类专项练习，还要打造高精度、有个人风格的作品集。作品集不仅是未来商业合作的敲门砖，而且插画师在绘制这些作品的过程中，也是在建立个人的精神世界，传递情感和生活的态度，逐渐找到属于个人的独特画风，即打造有世界观的插画。

6.1.1 插画主题联想的方法

初学者在开始画场景插画时，时常会陷入脑袋空空、没有想法的困境，或者存在画面元素单调、缺少看点等问题。其实，绘画的前期准备十分重要，简单的场景插画基本上由平面背景、主角、配角、小配件和装饰这些元素组成。我们前期要做的，就是思考这些元素具体是什么物体，并且找到参考，为起稿做准备。

1. 关键词联想法

首先我们要为插画定出一个主题关键词，然后由这个词出发，展开一级联想、二级联想，在这个过程中，我们就能发现各种与主题相关的元素，最后从其中挑选合适的元素，作为画面中的组成部分。

例如：插画主题定为街边饮品店，展开联想，就能想到店铺、饮料等关键词，然后再次联想，店铺可以想到招牌、遮阳棚、货物等。到这一步，这个主题要画的内容就逐渐清晰起来，画面感越来越强，这时候再进行起稿构思就容易多了。

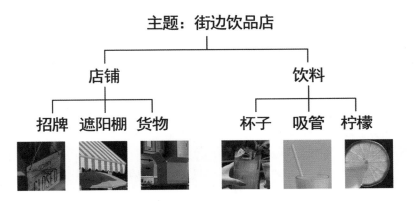

2. 元素融合的方法

在提炼出主要元素后，需要将它们合理又有创意地融合在一个画面中。这里我们可以运用形状变换和大小变换两种方法，将其巧妙地结合在一起。

例如：常规的商店是规则的矩形，运用形状变换，可以把店铺外轮廓换成饮品杯的形状，更加呼应主题。然后把原本的小物体夸张放大，如吸管、柠檬等，当作店铺的招牌，不仅融合了元素，也增加了画面的创意性和趣味性。

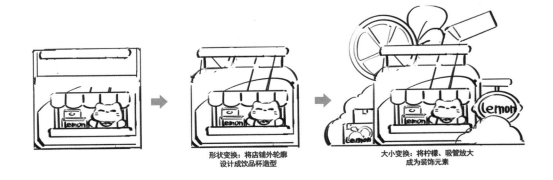

6.1.2　用插画创造世界

　　建立有世界观的系列插画一般要满足三个特点：画风统一，人物角色固定，有统一的世界观。按照这样的要求打造出来的系列插画具有连贯性和故事性，更能吸引观众持续关注；并且在特定的世界观下，插画师可以任意展开想象，找到源源不断的主题和灵感。

1. 设计个人插画角色

有世界观的系列插画通常有一个或几个固定的角色形象，它们将作为主人公，在特定的世界观中创造各种奇妙有趣的故事。这些角色也可以被称作 IP 形象，它们造型简单，一头身、二头身、三头身在萌系插画中最为常见，外轮廓明确，颜色少，饱和度高且明亮，能在短时间内给人留下深刻的印象。

插画中的 IP 形象确定后，一般不会轻易改变，因此在设计时可以多做些构思和尝试。IP 形象可以是任何人物、动物、植物、物件。人物形象的设计在前面的章节已经讲解过，这里主要讲解后三种形象的设计方法。

（1）变色法：改变物体原来的颜色，运用出其不意的色彩，给观众留下深刻印象。

（2）变形法：改变物体的外形轮廓，增加趣味性。

（3）套头法：如果想把两个元素设计在同一个形象中，可以在主体外部套上另一个元素特征的外形。

（4）拼接法：提取关键特点，简化造型，然后将多个特点结合在一起。

变色法：把绿色的青蛙变成粉色

变形法：把长条的章鱼触手变成圆形

套头法：在兔子外面套上雪人的外形

拼接法：把兔子和甜筒的特点结合起来

2. 打造插画世界观

　　插画世界观是由插画师想象、设计、定义的一个虚幻世界。它可以是魔法奇幻的、未来科技的、复古怀旧的，每一种世界观都有独属于自己的特点。插画师通过插画展示这个虚幻世界中的场景、讲述主人公在这里发生的故事。

世界观的设定比较主观，插画师可以根据个人喜好设定，也可以通过人设来联想。例如青蛙少女的人设，就很容易联想到动物、森林等关键词，且动物本身容易做拟人化的设计，因此就可以构建一个在奇幻森林中的童话世界。

6.2 微观小场景插画——熊仔饭团的旅行

本节我们将通过一个简单的小场景案例，对形象设计、世界观构思、小场景设计进行实操运用、巩固学习。

1. 设计形象

在构思场景前，先给画面设计一个主人公。以"小熊"和"饭团"作为角色的关键词，小熊的头是椭圆形的，而饭团是三角形的，这里我们将套头法和变形法结合使用，设计一个三角形脑袋的饭团小熊，然后勾出线稿。

2. 形象配色

颜色搭配上可以参考小熊和饭团的固有色，以黄白色为主。先平涂底色，因为 IP 形象不宜复杂，所以简单地画出暗面，体现物体的厚度即可，然后点出眼睛和鼻子的高光，最后修改线稿颜色，画面的主角就完成了。

3. 世界观构思

从小熊和饭团的属性出发，有两条关键词联想思路。小熊属于自然类，可以联想到森林、草原、树洞等自然景观，就能设计主人公熊仔饭团在大自然中旅行的场景。饭团属于事物类，可以联想到餐桌、日料中的丸子、调料等，就能设计主人公熊仔饭团的主题餐桌小场景。

4. 绘制小场景草稿

根据上一步的构思分别画出草稿。

熊仔饭团的旅行：首先画一个椭圆形当底座，然后在底座上用几何形确定景物的基本位置。景物的布局和高度要错落有致，才能形成构图上的美感。在此框架的基础上，安排主人公和森林元素，这里设计了巨大的蘑菇、花朵、蝴蝶、小熊喜欢的蜂蜜等。

熊仔饭团的餐桌：底座画成方形的小茶几，同样是先画出基本框架，然后选择丸子、酱油瓶、桌布等元素作为布景，餐桌小场景就构思好了。

5. 小色稿配色

对于较为复杂的场景，为了让画面中的各物体颜色和谐统一，我们通常会用小色稿的方式进行配色，快速做出色彩方案，看到最终色彩的效果。这里笔者选择旅行主题来做配色示范。

小色稿的上色方式自由轻松，就像调色板一样，可以去尝试各种配色。这里我们以黄橙色为主色调，绿色和红色作为点缀色，在线稿下方先新建图层，画出物体的固有色。

色卡

■ #fff7e4	■ #ffae44	■ #c6df0a
■ #de1b06	■ #c6df0a	■ #c6df0a

除固有色之外，还要画出物体亮暗部的颜色。初学者在选择颜色时，可能会出现暗部颜色变脏的情况，以蘑菇为例，橙色为固有色，如果直接加深颜色画在暗部，提亮颜色画在亮部，这样的颜色会显得很无趣。

这里可以使用转色环选色法。暗部颜色偏冷，可以在橙色的基础上向蓝色转动色环，取到一个偏红的颜色，然后向右下角取色，也就是降低明度的同时，又提高了饱和度；亮部颜色偏暖，取色时就向黄色转动色环，然后再提高颜色的明度。这样配出来的亮暗部颜色就会有色彩变化，也更有光线的温度。

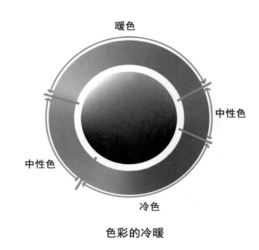

色彩的冷暖

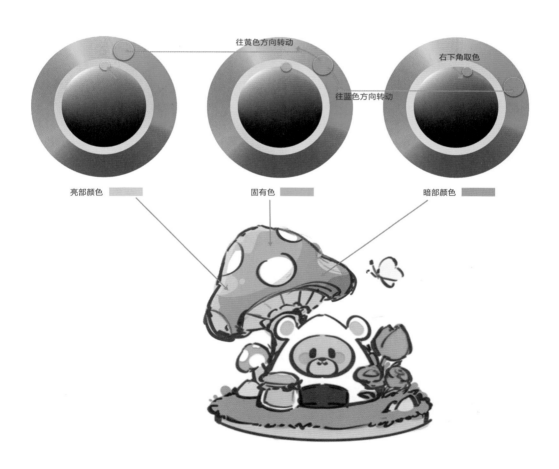

小色稿完成后，根据图例依次点击"'操作'图标－分享－JPEG－存储图像"，方便后续使用。

6. 绘制线稿

　　新建图层，沿着草稿绘制出线稿。元素比较多的画面可以分多个图层勾线，方便后续修改。

7. 平涂底色

　　在线稿下方新建图层，使用"工作室笔"笔刷平涂底色。根据图例依次点击"'操作'图标－画布"，打开"参考"，弹出"参考"窗口，然后依次点击"图像－导入图像"，找到小色稿，这样就能吸取小色稿上的颜色在画布中上色了。

8. 细化主体物

在对应的底色图层上方创建"剪辑蒙版"，直接吸取小色稿上的颜色画出暗部和投影。然后在投影的边缘扫上饱和度较高的橙色，增加光感。

边缘画上高饱和度的橙色增加光感

9. 细化草地

使用"铺色四边形"笔刷，画出草地的投影，可以略微改变颜色，增加草地的变化。然后在视觉中心用明亮的绿色画出亮部。再切换成"工作室笔"笔刷，在色块的边缘吸取草地的颜色，拉出丝状或点状的小草。

最后简单地画出泥土的投影和暗部，用色块表现斑驳的土块质感。

10. 细化蘑菇

　　先画出蘑菇伞盖上的暗部，在边缘喷上一些橙色增加光感，再用偏紫的颜色增加透气感，接着沿着蘑菇的边缘画出受光面，然后再画出蘑菇上的斑点。

　　最后加深伞盖下方菌褶和菌柄的暗部，左边的边缘可以轻轻提亮，这样蘑菇就完成了。

11. 细化装饰

花朵、蜂蜜、蝴蝶、石头作为装饰，细节太多会抢夺主体物的视线，只需要简单细化出亮暗面即可。

12. 修改线稿颜色

对线稿使用"阿尔法锁定"，吸取物体的颜色，将其略微加深，修改线稿的颜色。

13. 点缀装饰

　　使用"外发光笔刷"，用打点的方式画出一些光斑，营造氛围，这样小场景插画就完成了。

外发光笔刷

6.3 萌系平面小场景插画——梦幻教堂

本节我们将通过一个小场景和人物相结合的案例，学习平面小场景的画法，这种风格的平面感更强，更适合运用在文创产品中。

1. 关键词联想

我们设定的主题为梦幻教堂，从"教堂"这个关键词出发，可以联想到十字架、琉璃窗、祈祷、蜡烛等，再结合"梦幻"这个关键词进行延伸，就可以联想到天使、花朵等比较神奇浪漫的元素。

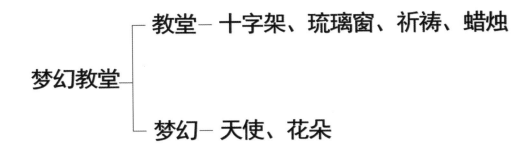

2. 绘制草稿

先用几何形画出场景的基本框架。选择琉璃窗作为插画整体的平面背景，窗户可以融入十字架、拱门等教堂的元素。人物坐在琉璃窗的窗台上，周围被玫瑰花和蜡烛包围，这样基本的造型就定好了。

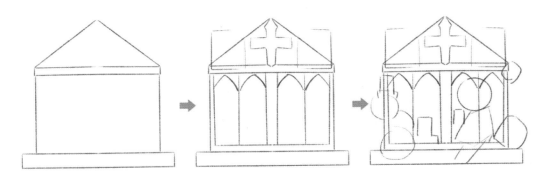

再细化出每个元素的造型。将主角设计成捧着蜡烛并进行祈祷的天使少女，在窗户两边安排兔子天使作为配角，让它们拿着竖琴和弓箭，这样既符合教堂的风格，也会让画面更加有趣。

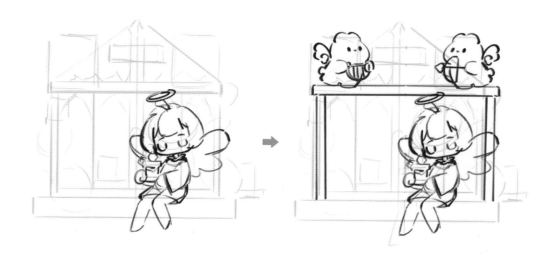

琉璃窗是一个对称的图案，可以借助"绘图辅助"中的"对称"工具绘制。玫瑰花和蜡烛作为装饰元素，能够有效地丰富画面。注意对这些小物件进行布局时，要有疏密、大小的变化。

3. 小色稿配色

天使和教堂会让人联想到蓝色、白色等比较神圣的颜色。因此，选择蓝色作为主色调，紫色、白色作为辅助色。

色卡

■#ff99d0	■#b9cdf6	■#66adfe	■#ffa1a9	■#ffda9a
□#ffffff	■#81d5bc			

4. 绘制线稿

使用"勾线特别好用"笔刷绘制线稿，由于元素较多，可以把主角和配角画在一个图层，背景画在一个图层，装饰物画在一个图层。内部结构的线条可以细化一些，例如琉璃窗内部的纹理、兔子天使手上拿的乐器和弓箭等。

勾线特别好用 1

5. 平涂底色

使用"工作室笔"笔刷分图层依次为画面中的物体平涂底色。

6. 细化人物

先画出人物的腮红和皮肤上的红晕。将光线设定在画面左上方，把刘海的下半部分压暗，做出暗部，再点上高光。给人物的衣服加上星星和条纹的装饰，然后画出所有衣服和配饰的暗部，这样人物就细化好了。

7. 细化配角和装饰物

　　扁平插画的细节要少，因此辅助元素的细节不宜过多，分出亮暗部即可。先画出兔子脸上的腮红，以及耳朵和手脚上的红晕，然后给它们的手持物简单地加上高光和暗部。

　　因为设定的光线是从左上方照射下来的，所以所有物体的暗部都在靠近右下方的位置，依次画出玫瑰、树叶和蜡烛的暗部。

8. 细化琉璃窗

　　琉璃窗的框架是金属的质感，选择较深的蓝色画出框架上的暗部和投影，再使用白色勾勒这些暗部的边缘，增加对比。然后使用黄色画出金色的边框，增加细节。

接着来细化琉璃。琉璃的色彩变化丰富，使用"均匀喷枪"笔刷，将上方的琉璃做出渐变色，下方的小窗使用轮廓清晰的色块来表现。

9. 修改线稿颜色

对线稿图层进行"阿尔法锁定"，吸取物体的固有色，将其略微加深，修改线稿颜色，这样扁平化的小场景插画就完成了。

第7章
萌系插画的文创商业应用

萌系插画在文创商业应用中的重要性不容忽视。作为一种极具吸引力的艺术形式，萌系插画以其可爱的形象、明亮的色彩和简洁的线条，赢得了广大消费者的喜爱。在竞争激烈的文创市场中，一款具备高颜值和独特设计理念的萌系插画产品，往往能够迅速抓住消费者的眼球，提升产品的市场竞争力。

CHAPTER 07

7.1　网络热销的贴纸

　　贴纸是正面印刷图案，背面带有黏性的纸片。它几乎可以印刷任何图案，制作成任何款式，用于 DIY 装饰、手账、标记、玩具等。贴纸是青年人和儿童非常喜爱的时尚产品，它需求多样，使用场景丰富，是印刷产业的重要产品。

7.1.1　贴纸排版规范

　　贴纸的印刷形式多样，常见的有独立异形贴纸、套装系列贴纸，以及胶带形式的贴纸。后面两种形式一般会使用系列作品组成一整套贴纸，通过排版后再印刷。这里我们主要讲解最常见的套装系列贴纸的制作方法。

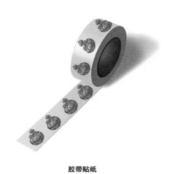

独立异形贴纸　　　　　　　套装系列贴纸　　　　　　　胶带贴纸

1. 贴纸印刷的稿件要求

　　分辨率：一般的插画设置为 300dpi 即可，而贴纸最好设置为 500~600dpi。

　　颜色模式：日常插画作品一般会在网络平台上发布，因此会使用 RGB 模式；但用于印刷的稿件需要使用 CMYK 模式，在这种模式下，稿件的颜色会比在 RGB 模式下看到的更灰。

CMYK模式　　　　　　　RGB模式

有的插画师在画这类作品时，会直接使用 CMYK 模式的画布。但在这两种模式之间，RGB 模式可以转成 CMYK 模式，CMYK 模式无法转成 RGB 模式。如果直接使用 CMYK 模式作画，那么把作品发布到网络平台上时就无法呈现出最好的颜色效果。因此我们可以在作画时使用 RGB 模式，等作品全部完成后，将其转成 CMYK 模式，准备两种颜色模式的文件，就可以应对各种应用场景了。

具体方法：新建一个同样尺寸的画布，颜色模式选择"CMYK"，然后回到 RGB 模式的画布中，接着右手长按图层栏保持不动，左手点击"图库"，返回到主页面，再点击 CMYK 模式的画布，这样就把图层"画"在了该画布中。至此，就把 RGB 模式转成了 CMYK 模式。

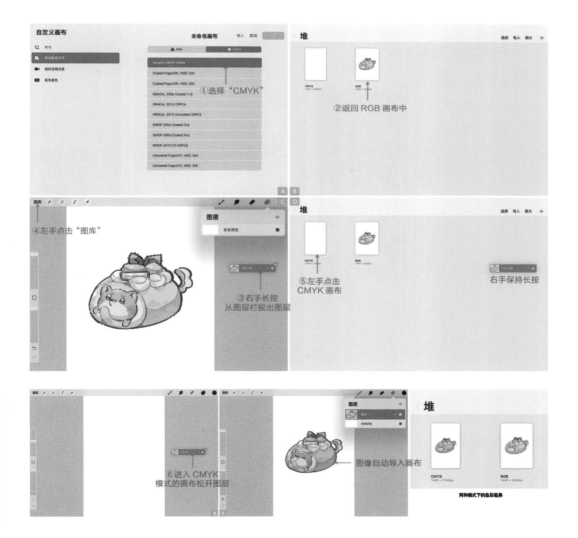

这时会发现，两种模式的颜色有色彩差异，一般会把 CMYK 模式下的图进行重新调色。常用的调色方法是，根据图例依次点击"'调整'图标 – 色相、饱和度、亮度"，将饱和度、亮度数值提高；或者依次点击"'调整'图标 – 曲线 – 伽马"，移动调整曲线。

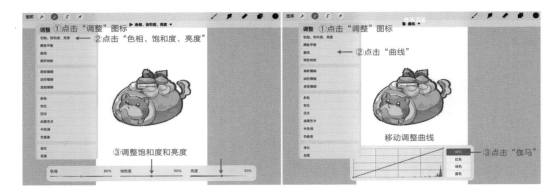

2. 贴纸的组成部件和尺寸

一套完整的贴纸一般由卡头、背卡、贴纸、贴纸元素四个板块组成。

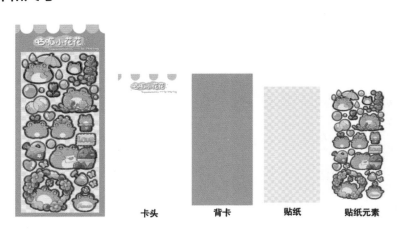

卡头　　　　　背卡　　　　　贴纸　　　　贴纸元素

背卡：贴纸背景卡，宽度范围在 6~14 厘米，高度范围在 8~20 厘米。这个尺寸并不绝对，约稿时会根据甲方需求而定。

贴纸：贴纸图案的底色纸，贴纸元素一般会粘贴在它上面，宽度范围在 6~14 厘米，高度范围在 8~20 厘米。

背卡和贴纸会重叠在一起，贴纸高度、宽度不能超过背卡。通常有两种版式，一种是贴纸宽度＜背卡宽度，另一种是贴纸宽度＝背卡宽度。常见尺寸搭配有：背卡 7.5 厘米 *18 厘米 + 贴纸 7 厘米 *15 厘米、背卡 7.8 厘米 *19 厘米 + 贴纸 7 厘米 *17 厘米。

卡头：背卡和贴纸重叠后，上方空出 2~3
厘米，就是卡头的高度。卡头一般用于写贴纸
的名称，或放装饰元素。

贴纸元素：最主要的贴纸内容，可以把它
们撕下来粘贴。

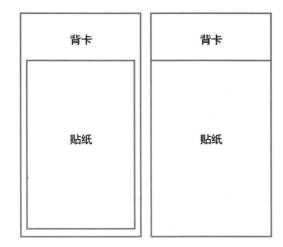

3. 贴纸排版规范

（1）间距

一套完整的贴纸上元素众多，每个元素相互独立，为了方便印刷切割和使用，元素之间需
要有一定的间隔，一般在 4~6 毫米。在设计时需要使用"2D 网格"来帮助我们确定间距。

根据图例依次点击"'操作'图标 – 画布"，打开"绘图指引"，再依次点击"编辑绘图指引 – 2D
网格 – 网格尺寸 – 毫米"，数值设置为 4。那么一个网格的间距就是 4 毫米，画元素时只需要
间隔一个格子就行了。

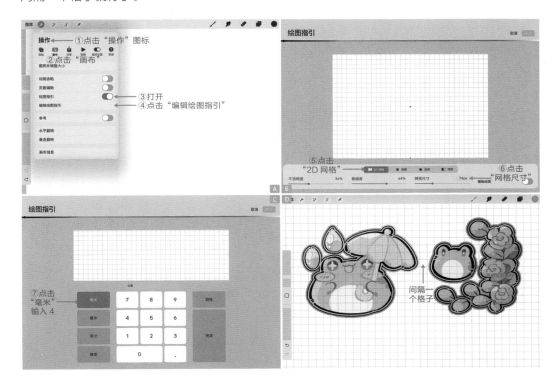

（2）贴纸布局

一套贴纸由主角元素（主要）、物品元素（次要）、装饰元素（点缀）组成，这么多元素在同一画面中，为了看起来更有美感，一般会把三种元素交叉排布，要有大小穿插、长短穿插。

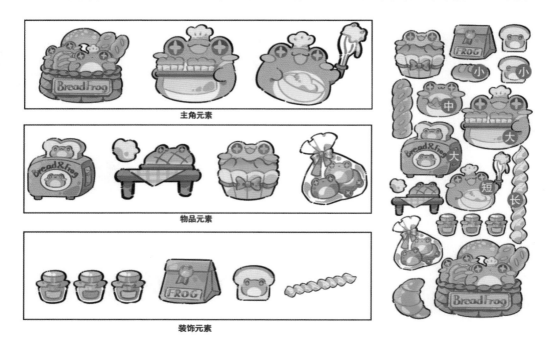

主角元素

物品元素

装饰元素

（3）出血线和刀线

当贴纸作品要用于印刷时，需要制作出血线和刀线。

以贴纸元素为轮廓，向外整体扩大几毫米形成的轮廓线，就是出血线。印刷切割并不十分精确，因此要使用出血线来保护贴纸上的图案。出血线以外的区域将会被裁掉，就算有误差，也只会切掉部分出血线，而不会破坏主要内容。刀线是机器切割的位置，它是沿着贴纸元素轮廓形成的一条细线。

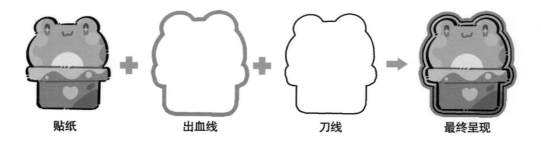

贴纸 ＋ 出血线 ＋ 刀线 → 最终呈现

7.1.2　案例：万圣节猫咪贴纸

本节将用一个完整的案例教会你制作万圣节猫咪贴纸。

1. 新建背卡画布和贴纸画布

根据图例依次点击"'+'图标－'自定义画布'图标"，尺寸单位选择"毫米"，宽度设置为 75 毫米，高度设置为 180 毫米，DPI 设置为 600。再点击"颜色配置文件"，选择"RGB模式"，点击"创建"按钮，这样背卡画布就创建好了。

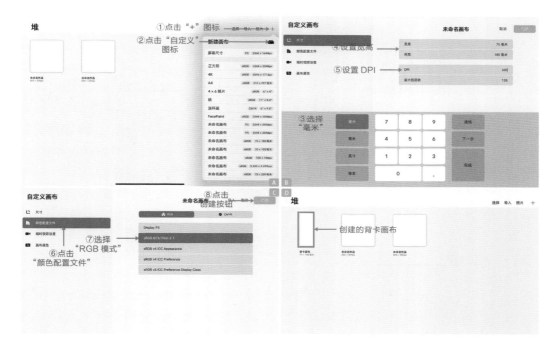

按照同样的方法创建一个宽度为 70 毫米，高度为 150 毫米，DPI 为 600 的贴纸画布，填充灰色备用。

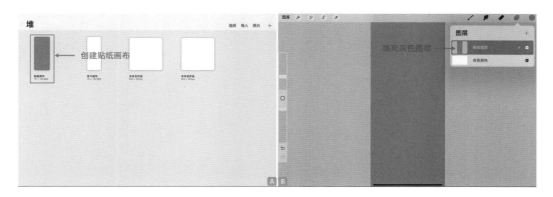

2. 组合背卡画布和贴纸画布

在贴纸画布中用笔尖长按灰色图层，将它拖动出来，左手点击"图库 - 背卡画布"，松开笔尖，这样灰色图层就和背卡画布组合在一起了。

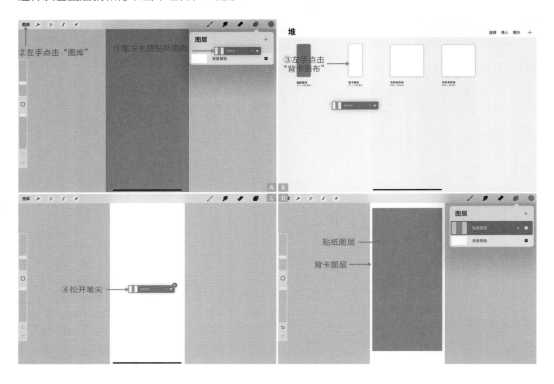

调整灰色图层的位置，根据图例依次点击"'选择工具 - 对齐'图标"，打开"磁性"与"对齐"。然后移动灰色图层，让左右和底部的白边距离相等，这样我们要使用的画布就准备好了。

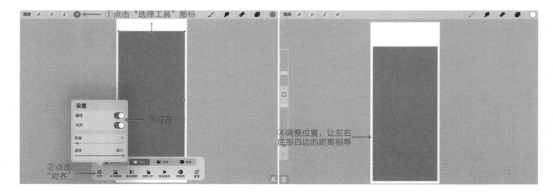

3. 创建 2D 网格

用 2D 网格辅助作画的方式能让各个元素的间距更合理规范。根据图例依次点击"'操作'图标 – 画布",打开"绘图指引",再依次点击"编辑绘图指引 –2D 网格 – 网格尺寸 – 毫米",把间距设置为 5 毫米,点击"完成"按钮,这样画布就会多出一层网格,每一格就是元素间隔的距离。

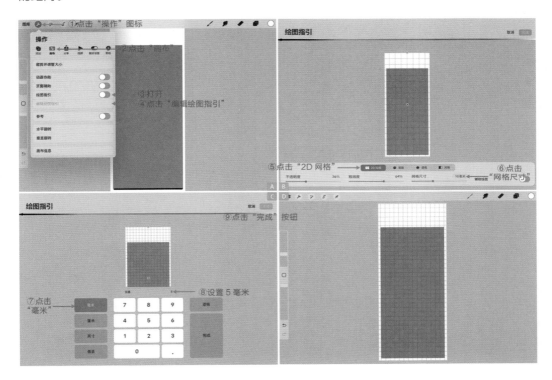

4. 设计草稿

正式作画前先拟定主题,以"猫咪万圣节"为关键词,联想相关的元素,如女巫、魔法杖、斗篷、幽灵、魔法书、南瓜、蜡烛等。我们只需要将这些元素和猫咪结合在一起,就能保证主题的统一。

每画一个元素，就要新建一个图层，这样方便边画边调整布局，元素之间要间隔一个网格，还要进行大中小的搭配。需要调整的元素只需要点击"选择"工具，就可以任意地缩放和移动了。

整体完成后，如果感觉画面单调，可以重复用星星这样的小元素点缀在各个间隙中，能达到不错的效果。

5. 绘制线稿

由于贴纸的印刷成品比较小，细节太多效果反而不好，因此勾线时我们可以有取舍，通常外轮廓和主要物体结构需要勾线，而小的装饰元素如星星、丝带、花纹等可以在上色阶段用色块表达。

6. 颜色搭配

为了让贴纸所有元素的风格统一，我们要提前确定好配色。在搭配颜色时，推荐在高饱和度区域进行选择，因为后期把 RGB 模式转成 CMYK 模式时，颜色会变灰，所以在前期配色时可以选择更鲜亮的颜色。

根据猫咪万圣节主题，选择白色和紫色作为主色调，蓝色和橙色作为点缀色，可以把这些颜色在画布上标出来，方便我们选色。

色卡
☐#f0f0f0 ■#ff7ffd ■#975ffe ■#ff7f34 ■#5275d8

7. 分层铺色

背卡颜色和贴纸底色都要在这一阶段做出来，方便查看整体效果。

背卡图层一般直接填充颜色较深的纯色。

贴纸图层可以用纯色，也可以做渐变色。在贴纸图层上新建图层，创建"剪辑蒙版"，使用"均匀喷枪"笔刷，将笔刷调大一点，在对角线的位置刷出橙色和紫色的渐变，中间衔接的地方吸取周围颜色进行过渡即可。

平铺底色阶段比较简单，但需要仔细检查，不要留下白边。实际操作时要做好分层，每个颜色为一个图层。由于每个元素用的都是相同配色，所以可以先统一铺好同一个颜色，然后新建图层，再统一铺下一个颜色，这样能避免来回取色，提高效率。

背卡铺色　　　　　贴纸铺色　　　　　　　　　贴纸元素铺色

8. 深入细化

因为贴纸的元素众多，可以先整体细化所有相同的元素，再处理局部；也可以将一个元素细化完成后，再细化下一个，这个顺序按照个人的习惯而定。主要元素的刻画步骤见下页图。

9. 修改线稿颜色

为了不让线稿颜色突兀，通常会修改元素内部的线稿颜色，不变动元素外轮廓的线稿颜色。

找到线稿图层，对图层进行"阿尔法锁定"，吸取周围物体的固有色，稍微加深一点，涂在线稿上，其他元素以此类推。这一步做完后，贴纸最核心的内容就全部完成了。

贴纸元素完成

10. 备份文件

　　一个完整的贴纸稿件，还要设计卡头，制作出血线和刀线。要完成这些操作，要把上面画完的贴纸元素图层全部合并，但合并后就无法修改，因此需要备份文件。

　　点击"选择"，勾选贴纸文件，再点击"复制"，就得到了一个新文件，后续操作都将在这个文件中进行。把该文件打开，草稿图层删除，贴纸图层和背卡图层保持不变，将线稿和色稿所有图层全部合并，形成贴纸元素图层，方便后续使用。

> **小贴士**
>
> 在交给甲方的贴纸稿件中，包含背卡图层、贴纸图层、卡头图层、贴纸元素图层、出血线图层、刀线图层，贴纸元素图层将合并为一个图层，操作后不可逆，因此备份文件可以方便后续的修改。

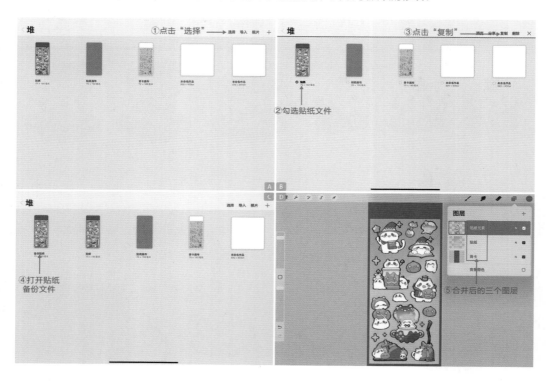

11. 设计卡头

卡头内容包含标题文字和装饰图案。用于商业的稿件不能使用没有授权的字体，我们可以自己来设计这些标题文字。字体颜色一般比较浅，要和背景有所区分。书写时使用画笔中的"书法笔刷"，通过改变字体的外形、笔画的粗细，设计出独特的字体。

有了文字，再加一些点缀图案能让画面更丰富，点击"套索工具"图标，圈出想要的元素，用快捷手势——三指下滑，点击"复制"，再把它移动到文字的两边。注意在布局时，贴纸不要靠近边缘。所有内容做好后，将图层全部合并，作为卡头图层。

12. 烘托氛围

　　这个阶段我们已经能看到完整的贴纸效果，增加细微装饰能够营造氛围。小元素可以根据贴纸主题而定，这里使用了星星，更加贴合万圣节主题。

13. 制作出血线

复制贴纸元素图层，选择下面一层作为出血线图层，根据图例依次点击"'调整'图标 – 高斯模糊"，笔尖左右滑动调整模糊阈值，阈值越大，表示出血线的宽度越大，一般设置在2%~6%之间即可。

再根据图例依次点击"'套索工具'图标 – 自动 – 颜色填充（白色）"，点击空白区域，笔尖向左滑动，将选区阈值滑到0%，再点击"反转"，出血线就做好了。然后对出血线图层使用"阿尔法锁定"，吸取贴纸的颜色修改出血线颜色。

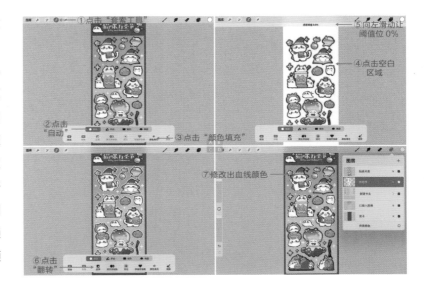

14. 制作刀线

　　复制贴纸元素图层，选择下面一层作为刀线图层，根据图例依次点击"'调整'图标－高斯模糊"，模糊阈值设置为2%，这就是刀线的宽度。

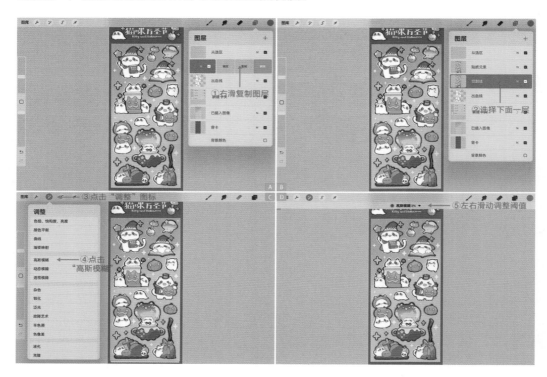

　　再根据图例依次点击"'套索工具'图标－自动－颜色填充（红色）"，点击空白区域，笔尖向左滑动，将选区阈值滑到0%，再点击"反转"。然后复制贴纸元素图层。

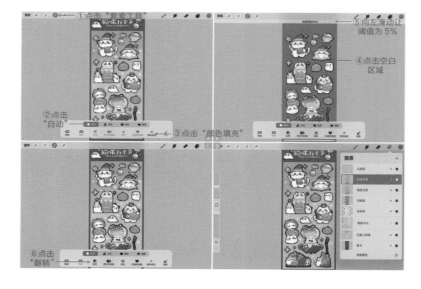

选择最上面一层作为空白图层，进行"阿尔法锁定"，将其填充为黄色。然后依次点击"'套索工具'图标－自动"，关闭颜色填充，点击黄色区域，笔尖向右滑动，将选区阈值滑到 20%~35%，这样就产生了一个选区。

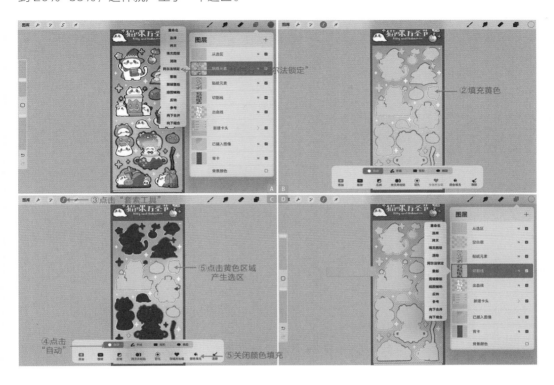

保持有选区的状态，依次点击"切割线图层－清除"，然后把空白层删除，这样刀线就做好了。

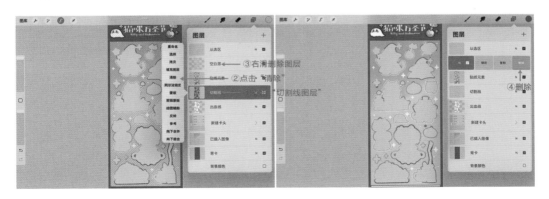

15. 整理图层

进行完上面所有的步骤，商业贴纸稿件就全部完成了，最后交给甲方的源文件要包含背卡图层、贴纸图层、卡头图层、贴纸元素图层、出血线图层、刀线图层。

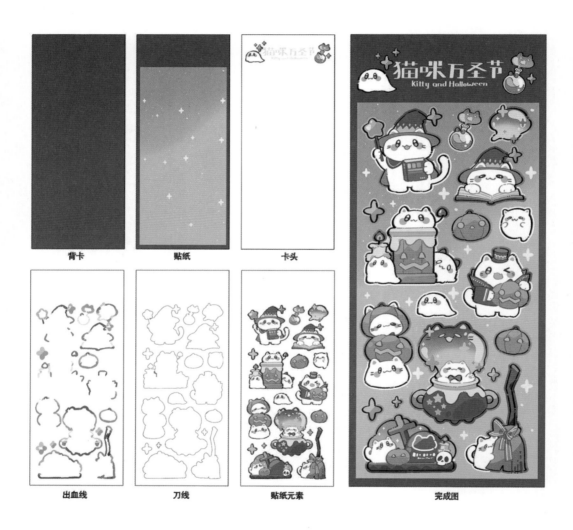

背卡　　　　　　　　贴纸　　　　　　　　卡头

出血线　　　　　　　刀线　　　　　　　贴纸元素　　　　　　　　完成图

7.2 高频使用的便笺本

便笺本作为一种方便快捷的记事本，款式多样，体积不宜过大。

7.2.1 常规便笺本排版公式

便笺本一般有常规便笺本和异形便笺本两种。常规便笺本的尺寸有：方版 90mm×90mm 、90mm×95mm；竖版 50mm×90mm、60mm×90mm；横版 90mm×55mm。而异形便笺本的尺寸更加随意，一般根据甲方需求而定。

1. 常规便笺本排版

（1）包围法：元素画在四周，中间留出空白的写字区域。

（2）边框法：用边框作为主框架，然后把元素画在边框上，中间留出写字区域。

（3）顶部／底部图案法：先画出主要边框，把比较大的元素设计在顶部或者底部，破除边框形状，让便笺本更有设计感。

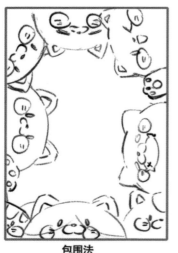  

包围法　　　　　　　　　　　边框法　　　　　　　　　　顶部/底部图案法

2. 异形便笺本排版

（1）常规异形：以圆形、爱心、气泡、星星等简单的异形作为便笺本的形状，然后在边缘加入装饰元素，破除边框形状。

（2）非常规异形：它的形状可以是任何图形，如动物、植物等。物体本身的造型会作为便笺本的形状。但在选择元素时，不要使用边缘过于复杂、细碎的元素，这样不利于机器切割；也不要使用条状的元素，这种造型的便笺本不利于书写。

7.2.2 案例：常规便笺本——兔熊友好日

本节将用一个完整的案例教你制作常规便笺本——兔熊友好日。

1. 绘制草稿

结合边框法和底部图案法，先画出基础框架，然后在顶部和底部设计图案。我们以兔子和小熊作为主角，用萝卜和彩带作为装饰，分布在框架的顶部和底部。

2. 绘制线稿

新建图层绘制线稿，这里可以分图层勾线，方便随时调整布局。

3. 平涂铺色

便笺本用于书写，所以颜色的饱和度不能太高，以免造成视觉疲劳；但同时也要保证醒目。可以使用高明度、中饱和度的颜色进行配色。

4. 绘制细节

便笺本的图案细节刻画不要太多，要保证书写和查看的便利性，只需在图案上画出基本的亮暗面和装饰，再修改线稿颜色，就绘制完成了。

7.2.3　案例：异形便笺本——兔叽布丁

本节将用一个完整的案例教会你制作异形便笺本——兔叽布丁。

1. 绘制草稿

我们以布丁、兔子、小鸡作为主要元素，由于异形便笺本的轮廓不宜过于复杂，因此选择布丁作为书写区域和整体造型会更加合适。然后再添加兔子、小鸡来丰富画面内容。

2. 绘制线稿

　　新建图层，绘制线稿。主体轮廓的线稿可以画得粗一些，装饰元素的线稿画得细一些。

3. 平涂铺色

　　进行平涂铺色。

4. 刻画细节

　　用比较大的色块概括出亮暗面，不需要太多的细节刻画，最后修改线稿颜色，就全部完成了。

7.3 表情包的设计流程和规范

表情包常常被用于互联网聊天中，它常由文字和夸张的表情图像组成。

7.3.1 表情包设计

表情包可以是影视截图、卡通头像、原创形象等。人们在使用表情包交流时，能更直观地感受对方的情绪，沟通起来更加便捷。

1. 表情包的设计特征

表情包一般使用半身形象或全身形象，有夸张的表情或动态，可以用文字进行描述，或者用小装饰丰富内容。

2. 表情包尺寸

如果是个人使用的表情包，那么没有具体的尺寸要求，可以根据使用者的习惯而定。但如果是要把作品上传到网络平台供他人下载，那么需要按照各平台的尺寸规范制作。以最常用的"微信表情开放平台"为例，具体尺寸如下：

素材名称	数量	格式	尺寸(像素)	文件大小
表情主图	8/16/24	GIF	240×240	不大于500KB
表情缩略图	与主图数目一致	PNG	表情专辑:120*120 表情单品:240*240	表情专辑:不大于200KB 表情单品:不大于200KB
详情页横幅	1	PNG或JPEG	750×400	不大于500KB
表情封面图	1	PNG	240×240	不大于500KB
聊天面板图标	1	PNG	50×50	不大于100KB

（1）表情主图

用于在聊天界面中发送的图片，是主要创作内容，数量为 8 张、16 张或 24 张，一套表情需要风格统一，表情内容有差异。

（2）表情缩略图

在聊天页和详情页中展示的静态图片，不用单独设计，内容、数量和主图保持一致，只需要调整尺寸即可。

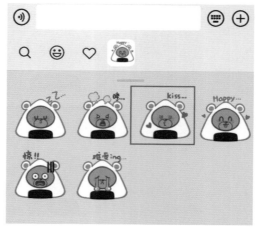

（3）详情页横幅

在表情包商城中，点击进入整套表情详情页时顶部所展示的横幅图片，其内容需要和表情有关，不能出现任何文字信息，通常可以使用整套表情主图中的一张再次进行设计即可。

（4）表情封面图

每套表情在表情包商城首页展示的代表图片，可以使用主图再次设计，选择正面的半身像或全身像表情最佳，除纯文字类型表情外，不能出现任何文字信息。

（5）聊天面板图标

下载成功的表情展示在聊天页表情列表的图标，与表情内容相关，可以使用主图再次设计，选择正面的半身像或全身像表情最佳。

7.3.2 案例：机器人表情包

本节以机器人表情包作为案例，学习如何设计表情包。

1. 设计角色

表情包角色适合比较简单的造型和颜色，因此要简化机器人身上的零件结构。同时为了让角色有记忆点，还可以给它设计其他属性的元素，这里我们就用小草来作为装饰。

2. 制作表情包方格

新建 1000px×1000px 的画布，颜色配置文件选择 RGB 模式。为了让表情包的大小统一，要在固定大小的方格中绘制。首先随手画出矩形，不抬笔，左手长按，系统会自动校准，将其变成一个规则的正方形。然后左滑图层栏，复制五次。依次点击"'选择工具'图标–对齐"，打开"对齐"和"磁性"，将正方形依次排列。最后确定表情的关键词。

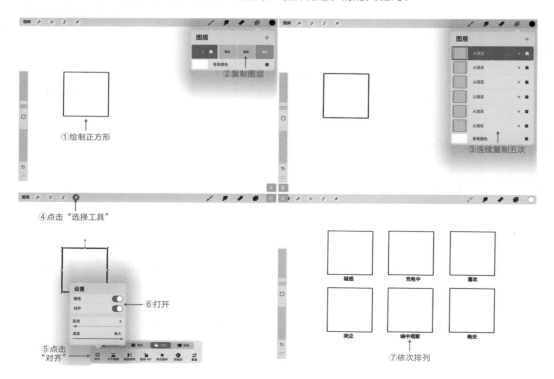

3. 绘制草稿

表情包中的角色会有丰富的头部转动作。我们可以在圆形中画出十字线，用来定出头的方向和五官的位置。如果头向左转动，那么十字线竖线的弧度就会向左凸出；反之，向右转动，十字线竖线的弧度向右凸出。而仰视的头部十字线横线弧度向上，俯视则十字线横线弧度向下。

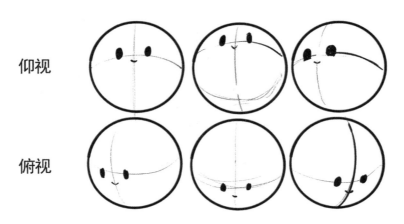

在了解了这一点后，我们来绘制表情包的草稿。在方格图层上方新建图层，根据表情关键词画出对应的表情形象，可以根据关键词需要，加入小装饰和文字描述。注意表情包的位置靠近方格的下半部分，贴近底边。

4. 绘制线稿

表情包的形象不宜复杂，可以使用最简单的"工作室笔"笔刷进行勾线。

5. 平涂铺色

表情包在细节刻画上比较少，越简单的画面，越容易让人记住。这里进行简单的平涂即可。

虽然角色的颜色是以白色为主，但同样需要填充颜色，这样在关闭背景图层后，才会是实心的图案。在白底背景上画白色会看不清，可以先使用灰色平涂，然后依次点击"'调整'图标 - 色相、饱和度、亮度"，将亮度值调到100%，这样，灰色就变成白色了。

最后再涂上其他辅助色。上完色后，要检查是否有遗漏的地方，不要出现白边等情况。

7.4 美术宣传的海报

海报是一种艺术表现形式，通过把图片、颜色、文字进行美的结合，给观众感官上的刺激，起到传递重要信息或装饰空间的作用。

7.4.1 海报构图的方法

1. 海报的应用

海报的使用范围广泛，既可以被应用到线下，作为招贴海报、宣传页等；也可以被应用在线上，成为手机开屏页、活动 banner 等。

使用场景的多样性，也决定了海报没有固定的尺寸，下面给出一些常见尺寸。但在实际约稿中，还是要以甲方的需求为准。

普通海报	42cm × 57cm
新媒体banner	900px × 500px
电商banner	750px × 300px
手机开屏海报	1080px × 1920px
电脑全屏海报	1920px × 1080px

2. 海报的构图

画插画类海报除了要应用到我们前面学习过的人物、设计、颜色的知识，还需要使用构图的技巧。有了构图，才能让所有的元素在一张空白的纸张上形成有美感、有节奏、和谐统一的画面。下面讲解一些常用的构图方法。

（1）圆形构图

主要角色在中心，其他元素围绕主角布局，能够有效地聚焦观众视线，突出主体。

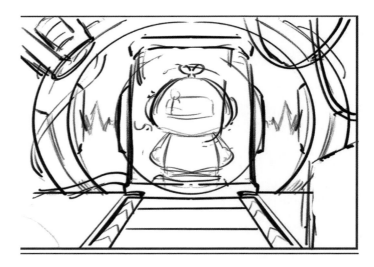

（2）三角形构图

主体物和辅助元素的布局呈现一个三角形，这样的画面灵活又不失稳定，可以引导观众视线流动。

（3）框式构图

让前景或背景形成一个框架，主角恰好处在这个框架中。这种构图同样能突出主体，并且能形成空间感和临场感。

7.4.2　案例：丛林奇遇

本节将用一个完整的案例教会你制作海报。

1. 场景构图

新建 3408px×2480px 的画布，分辨率为 300dpi。这里使用框式构图设计一个丛林奇遇主题的插画海报。首先画出主角，因为是在丛林环境中，所以植物形成的框架必然是不规则的，先画出一个框架，在框架的外侧画出树干、藤蔓、草丛等。

2. 细化草稿

为了让探险的特点更明显，可以给机器人设计一个扒开草丛，拿出放大镜到处观察的动作。然后设计配角小兔子跟主角互动，再细化周围的植物。草丛之间要相互重叠，这样才能体现出丛林的空间感。

3. 小色稿配色

丛林环境可以使用绿色作为主色调，黄色作为辅助色，蓝色、红色作为点缀色。注意，前景形成的框架是为了突出主体，因此在配色上，前景的颜色要更深，而中间的主体区域要更亮。

4. 绘制线稿

使用"工作室笔"笔刷，依次勾出每个物体的线稿。注意，要用不同类型的线条来描绘物体的造型。例如机器人是金属质感，比较光滑，需要使用平滑流畅的长线条；而树干、草丛等物体，有的表面粗糙，有的造型复杂，那么它们的线条就会有更多的抖动、转折、断点、粗细等变化。这样灵活地应用线条，能让物体的造型变得更加精致，有效地提高画面的完成度。

5. 平涂底色

分图层涂出物体的固有色，这一步比较简单，只需要注意不要涂出线稿即可。

6. 细化角色

设计光线从画面左上方照射下来，那么朝下和朝右的面就处于暗部。白色物体要使用偏蓝的颜色作为暗部颜色，依次画出暗部和投影区域，这样角色就有了立体感。然后使用"均匀喷枪"笔刷，选择高饱和度的橙色画在暗部的边缘，用来增加光感。朝向左边的面画出轮廓清晰的高光。

再使用"均匀喷枪"笔刷，把机器人的屏幕刷上渐变色，右侧的边缘画出深色的投影，左侧离光源更近，因此要画出清晰的高光。

7. 细化草丛

把每一簇草丛看作一个椭圆形，先画出下方的整体暗部，再补充细小的暗部。然后选择偏蓝偏暗的绿色画出暗部的树叶。最后选择偏黄偏亮的绿色点缀在上层叶片的亮部。

8. 细化树干

沿着树干的走向，依次画出树干的亮暗部。因为树干是有明显转折的，所以要用不同深浅的色块来画出这种转折面，并且要用更重的颜色来强调出树干中的闭塞阴影。还可以使用小断线来模拟树干的纹理。最后再按照细化草丛的方法，画出树叶的亮暗部即可。

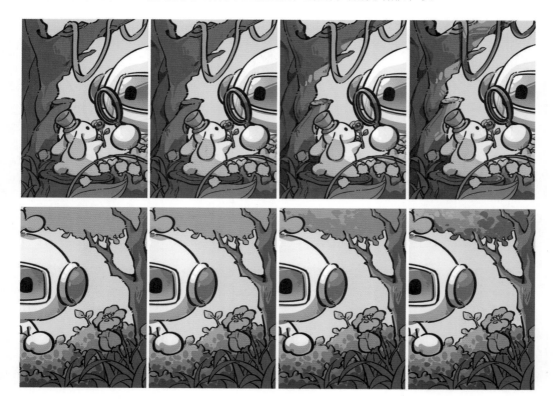

9. 细化前景

在细化前景的花草时，不要让它们的亮暗颜色对比太强烈，以免抢夺了视觉中心的焦点。只需要用色块概括地表现出颜色的变化即可。

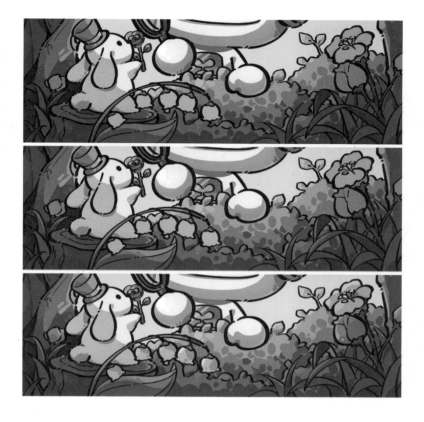

10. 丰富背景

此时画面的背景比较空旷，我们可以画一些树木、树叶的剪影来填充背景的空白，加强画面的空间感。

11. 点缀装饰

在线稿的最上方新建图层。先在靠近角色的草丛附近点缀粉色的花朵。然后在人物的周围用"外发光笔刷"画出漂浮的小光斑。

12. 修改线稿颜色

对线稿图层进行"阿尔法锁定",修改线稿的颜色。至此,就全部绘制完成了。

第 8 章

插画师商业合作
必备技能

商业插画是指为商业目的而创作的插画作品。它通常用于广告、杂志、书籍、产品包装等商业媒体中，以吸引消费者的注意力，传达特定的信息或增强产品的形象。私稿是指个人创作的插画作品，通常不是为商业目的而创作的，而是表达个人的创意、情感或艺术观点。

CHAPTER

8.1 商业插画

商业插画和私稿的本质区别在于创作目的和用途不同。商业插画是为了满足商业需求而创作的，追求商业可用性和市场价值；私稿是为了个人兴趣和自我表达而创作的，更加自由和个人化。

8.1.1 商业插画渠道

商业插画可以是手绘的，也可以是数字绘制的，它具有艺术性和商业性的双重特点。商业插画师通常需要根据客户的需求和要求，创作出符合品牌形象和市场定位的插画作品。

私稿可以是任何形式的插画，包括手绘、数字绘制、水彩、素描等。私稿的创作过程和内容更加自由，艺术性更强，不受商业需求的约束和限制。私稿通常用于个人艺术展览、个人网站、社交媒体等平台的展示和分享。与商业插画相比，私稿更注重艺术性和个人风格的表达，不受商业利益的影响。

1. 商业插画和私稿的优势

（1）商业插画的优势

①收入更稳定：商业插画通常是与客户签订合同，有明确的报酬金额和支付方式，可以保证插画师收入稳定。而私稿往往是个人委托，报酬金额不确定，还可能存在无法按时支付报酬的情况。

②职业发展前景更好：商业插画可以让插画师与不同领域的客户合作，拓宽创作领域，增加创作经验。商业插画作品通常会被广泛传播和使用，有机会提升插画师的知名度和声誉，为

未来的职业发展打下基础。

③更多的专业支持：商业插画通常需要与客户进行沟通和协商，插画师可以从客户的需求和反馈中获得专业的指导和建议，提升自己的创作水平和技巧。而私稿往往是个人创作，缺乏外界的反馈和指导。

④有知识产权保护：商业插画通常会与客户签订合同，明确双方的权益和责任，保护插画师的知识产权。而私稿往往没有明确的合同和法律保护，可能存在侵权和纠纷的风险。

（2）私稿的优势

①创作自由度高：私稿通常是由个人或小团体委托的，对作品的要求相对较少，插画师可以更加自由地发挥自己的创意和风格，不受商业需求的限制。

②作品价值更高：私稿通常是为了满足个人需求或特定场合而定制的，对于委托方来说，这些作品具有独特的价值和意义，因此愿意为之支付更高的价格。

③与委托方直接沟通：私稿通常是与个人或小团体直接合作，插画师可以与委托方进行更加深入的沟通，了解他们的需求和期望，从而更好地满足他们的要求。

④建立良好的口碑和人脉：通过与个人或小团体合作，插画师可以建立良好的口碑和人脉，这对于未来的发展和得到更多工作机会都是非常有帮助的。

⑥更多的创作机会：私稿通常是多样化的，可以涉及不同领域和主题，插画师可以通过接私稿来拓宽自己的创作领域，获得更多的创作机会。

　　总的来说，商业插画更注重商业价值和客户需求，私稿可以让插画师更加自由地发挥创意，体现个人创作和艺术表达，并且私稿可以与委托方直接沟通，能建立良好的口碑和人脉，获得更多的创作机会。所以两者各有优势，可以根据具体需求选择。

2. 商业插画的接单渠道

　　由于形形色色的插画师应运而生，让原本甲乙双方的接触方式由以往的单一供需关系，变成目前"性格使然"的两种方式。

　　（1）主动方式

　　①自主控制：通过主动方式，插画师可以自主选择目标客户和项目，有更大的自主权和控制权。

　　②个人品牌建设：通过主动方式，插画师可以建立自己的个人品牌，展示自己的作品和服务，吸引潜在客户的注意。

　　③直接沟通：通过主动方式，插画师可以直接与潜在客户进行沟通，了解客户需求，提供个性化的解决方案。

主动接单的平台比较多，下面为大家介绍近三年内接单稳定的平台：

①摸了个鱼：小的单子比较多，很适合新手插画师前期的阶段。

②米画师：适合各个阶段的插画师，甲方种类多，插画师可以根据自己的水平，进行"向下"选择，不接超出自己能力的单子。

③猪八戒：作为目前市场上较大的插画外包网站，它所包含的商单不仅类型多，价格起伏也比较大，有些甚至是插画师当甲方发布的单子。换句话说，到你的手里，这个单子可能已经是"四包"或是"五包"了，所以酬劳是低于市场价的。前期作为新手插画师可以试着接一些这样的单子，只不过如果你拿到了个"三包"以上的单子，会在等待反馈上花费太多时间，它需要一层一层反馈，然后再反馈回来。如果接这种类型的单子，推荐插画师同时接几个。

④主动参加比赛：各公众号、网站平台等都会不定期举办这类型的比赛。插画师参加比赛，不仅可以让更多人认识，比赛获得的奖项也是自己插画路上的基石。对于比赛，插画师需要注意三点：一是参加比赛的作品版权及归属权的问题；二是比赛是否会有团队参加；三是比赛的评选方式是投票模式还是评审模式。

（2）被动方式

①更广泛的曝光机会：通过被动方式，插画师可以将自己的作品展示在各种在线平台上，获得更广泛的曝光机会，吸引潜在客户的注意。

②项目机会多样性：通过被动方式，插画师可以接触到各种类型的项目，从而提升自己的技能和经验。

③中介服务：一些在线平台或插画师社群会提供中介服务，帮助插画师与潜在客户对接，简化接单流程。可以选择目前比较主流的平台，如抖音、小红书、站酷、涂鸦王国等，并且要在个人简介里面写上自己商务合作或者约稿的联系方式。而接下来插画师要做的，就是经常在各个平台上发布一些作品，虽然这种方式比较被动，等待的时间也比较久，但通过这些平台联系到插画师的甲方，都是认可了其作品、喜欢其风格而选择的合作对象。这会大大节省甲方与插画师在前期确定风格时的沟通时间，在合作上也会更有效率。

8.1.2 商业插画接单流程

下面介绍商业插画接单流程，包括前期沟通、签署合同、内容反馈、合作完成、注意事项。

1. 前期沟通

为了让约稿的过程更加流畅且不出现低级错误，与甲方沟通是约稿前期非常重要的一步，前期沟通可以确保双方对项目的目标和需求有清晰的认识，避免后期出现问题和纠纷，提高稿件的质量和满意度。所以，以下 9 个内容是必须要明确的：

（1）项目的背景和目标：了解项目的背景信息，包括项目的目的、目标受众、所属行业等，以便插画师能够更好地理解项目需求。

（2）插画的用途和形式：明确插画的用途，是用于印刷品、网站、移动应用程序还是其他媒体平台。同时，确定插画的形式，例如平面插画、角色设计、场景插画等。

（3）风格和氛围：讨论插画的风格和氛围，例如平涂风格、写实风格、抽象风格等。双方都可提供一些参考图像或样式，以帮助插画师更好地理解所需风格。

（4）尺寸和分辨率：确定插画的尺寸和分辨率要求，以确保插画在不同媒体上的展示效果。

（5）色彩和配色方案：讨论插画的色彩和配色方案，以确保插画与品牌形象或项目主题相符。

（6）插画数量和交付时间：明确插画的数量和交付时间，以便插画师能够合理安排工作进度。

（7）版权和使用权：讨论插画的版权和使用权问题，明确双方对插画的使用范围和期限。

（8）预算和支付方式：商讨项目的预算和支付方式，确保双方对费用的期望一致，并明确支付报酬的时间和方式。

（9）沟通和反馈方式：确定双方的沟通和反馈方式，以便及时解决问题和调整需求。

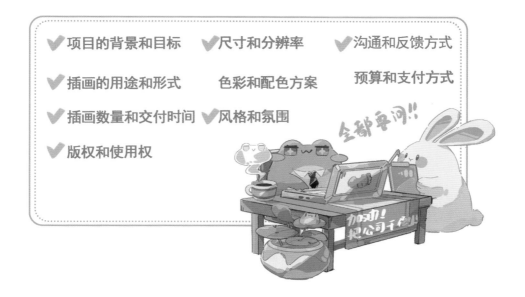

2. 签署合同

很多插画师在约稿的过程中，觉得签合同和审合同很麻烦，会影响开工时间，从而省略了这一步。其实，签署合同是为了明确双方的权益和责任，避免后续产生纠纷和争议。插画师和委托方在约稿过程中应当重视签署合同，并在合同中要明确约定各项条款，以确保双方的合作顺利进行。所以，作为一个约束甲乙双方的纽带，合同是必不可少的。

（1）确定双方的权益和责任：合同可以明确约定插画师和委托方双方的权益和责任，包括作品的创作、使用、修改、传播等方面的权益和义务。双方在签署合同前可以协商并明确这些内容，避免后续产生纠纷。

（2）确定作品的使用范围和期限：合同可以明确约定委托方对插画作品的使用范围和期限，包括使用的媒体、地域、时间等。这样可以避免委托方在未经授权的情况下超出约定范围使用作品，保护插画师的权益。

（3）确定报酬金额和支付方式：合同可以明确约定插画师的报酬金额和委托方的支付方式，包括创作费、版税、提成等。签署合同可以确保插画师能按照约定获得相应的报酬，避免因为未明确约定而导致的争议。

（5）确定违约责任和争议解决方式：合同可以明确约定双方的违约责任和争议解决方式，包括违约金、赔偿责任、争议解决的仲裁或诉讼等。签署合同可以为双方提供法律保护，确保在合同履行过程中的争议能够得到妥善解决。

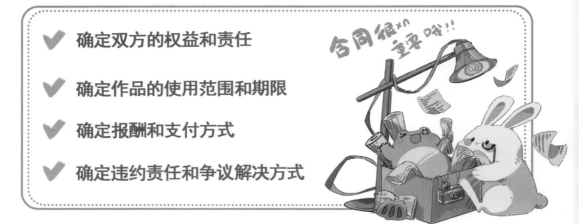

✔ 确定双方的权益和责任

✔ 确定作品的使用范围和期限

✔ 确定报酬和支付方式

✔ 确定违约责任和争议解决方式

合同很xn重要啦!!

3. 内容反馈

在项目进行中时，插画师经常会遇到一对一沟通或者一对多（甲方项目负责团队）沟通的情况。在一对一沟通中，插画师只要确定对接的甲方是合同中的"甲方负责人"即可。如果遇到一对多（甲方项目负责团队）沟通的情况，要先跟团队的人进行"责任人"确定，这样在项目的沟通上可以避免出现反馈错误或者反馈延迟的情况。

（1）提供初步草稿：在开始正式创作之前，可以先提供一些初步的草稿或概念稿给甲方（草稿或者概念稿最少提供两个版本）。这样可以让甲方对插画师的创意有一个初步的了解，并提供他们对草稿的反馈意见。

（2）及时沟通：保持与甲方负责人的沟通畅通，及时回复他们的邮件或信息（可以在前期了解双方的工作时间，避免互相打扰）。如果有任何疑问或需要进一步的指导，要及时与甲方负责人进行沟通，以确保理解他们的需求。

（3）接受建议：尊重甲方的意见和建议。如果甲方提出了一些修改或改进的建议，要虚心接受并尽量满足他们的要求，并且在甲方提出修改意见和建议后，插画师要整理总结并反馈给甲方进行确认，这样可以增加甲方对插画师的信任感，并提升合作的效果。

（4）提供多个选项：如果可能的话，可以给甲方提供多个不同的选项，以便他们选择最符合自身需求的选项。这样可以增加甲方的参与感，并确保最终的作品能够满足他们的期望。

（5）确认最终稿：在完成所有修改后，与甲方确认最终稿的细节和要求。确保双方对最终作品的内容、风格和细节都达成一致。

4. 合作完成

在项目完成后，完成的稿件需要符合签署合同中的"交付方式"以及"审评验收"的内容标准，例如：

（1）交付时间：xx 年 xx 月 xx 日前完成并交付全部委托作品。具体单个委托作品的交付时间以甲方指定的时间为准。

（2）交付载体：电子文件版本。

（3）交付方式：通过 FTP 上传、电子邮件、微信或 QQ 传输（根据甲方要求做最终确认）。

需要注意的是，在合作完成后，稿件作品的源文件，插画师除了要交付给甲方，自己最好也保留一份，为项目后续可能需要制作新的物料而做好准备。

5. 注意事项

（1）确定时间表：与甲方商定项目的交付时间和项目进度表，确保双方都清楚项目的进度和时间安排。

（2）确定报酬和支付方式：与甲方商议插画的报酬金额、支付方式和支付时间。确保双方对报酬的期望一致，并明确支付的方式和时间。

（3）提供样稿和修改次数：在开始正式创作之前，可以提供一份样稿给甲方审查，以确保双方对插画的创作方向和风格没有异议。同时，明确修改的次数和方式，以避免无限次的修改（正式合作后，草稿阶段插画师要提交 2~3 个版本，方便甲方进行选择）。

（4）保持沟通和反馈：确定好甲方负责人是哪一位，与甲方保持良好的沟通和反馈，及时回复邮件和消息，解答疑问，确保双方在合作过程中保持良好的合作关系。

（5）保护作品版权：在交付作品之前，确保与甲方明确作品的版权归属和使用范围。可以考虑在合同中明确规定甲方只能在约定的范围内使用作品，并保留自己的署名权。

（6）明确定金和订金的区别："定金"不返还，"定金"不得超过报酬总额的 20% 。"订金"并非一个规范的法律概念，实际上它具有预付款的性质，是当事人的一种支付手段，并不具备担保性质。"订金"的效力取决于双方当事人的约定。双方当事人如果没有约定，"订金"的性质主要是预付款。

8.2　商务技能

信息时代的进步，加快了传播方式的进化。从典型的文字传播，到便捷的图片传播，大大减少了受众在某一事件上付出的时间及精力。这样快节奏、碎片化的传播方式，也增加了营销内容的表述方式。图片传播的模式，不仅提高了受众的接受度，加深了传播的记忆点，又能从侧面角度起到激发学习和辅助学习的作用。

8.2.1　商业插画合作方式

在当今社会中，插画师的角色已经不仅仅局限于创作优秀的插画作品，越来越多的插画师需要在商务领域中展现自己的才能。掌握商务技能对于插画师的发展具有举足轻重的作用。

1. 艺术化分类

从载体的形式来看，"插画"的概念比常规的"插图"更加广泛。"插图"是文字的辅助工具，两者之间的关系是相辅相成的。而"插画"的广泛应用，不仅脱离了常规的束缚，还衍生出个性、情绪、故事的表达。目前，根据商业插画的用途，可以分为四个类别：

（1）文创及出版物：绘本、贴纸、胶带、文具、书籍杂志的封面和内页等。

（2）推广及宣传：H5、产品包装、海报及产品物料等。

（3）视觉及媒体：mg 动画、动画分镜、动图、宣传片等。

（4）游戏及设定：游戏宣传、人物设定、场景设定、漫画设计及设定等。

2. 商业化表现

（1）约稿

需求方（甲方）约请特定的插画师（乙方），根据文字、参考以及特定的内容要求，绘制而成的稿件。

（2）授权

授权分为单领域独家授权和单领域非独家授权，是指需求方（乙方）使用插画师（甲方）的作品进行某一类的商业行为。

单领域独家授权的价格：约稿价 x（10%~20%），时间：1~3 年。

单领域非独家授权的价格：约稿价 x10% 左右，时间：1~3 年。

（3）买断

购买方（乙方）拥有插画师（甲方）作品全领域的专属权、所有权及经营权，又可以称之为全领域永久授权。

买断的价格：约稿价 x（80%~90%）

（4）推广

推广是建立在甲（合作方）乙（插画师）双方共赢的情况下形成的合作模式，利用各自的资源，起到互帮互助的效果，也让受众可以从不同的角度、不同的观点来了解这项合作的内容。

（5）比赛

随着插画的流行，适当的曝光与关注开始受到了越来越多插画师的追捧。这样的合作模式区别于常规的供需关系，而是在需求的基础上加入了竞争的元素。而提供者（插画师）也会根据不同的层次，得到相应的成果。

8.2.2　商业插画合同拟定

1. 合同的性质

合同按性质可分为有偿合同和无偿合同、单务合同和双务合同、要式合同和不要式合同、有名合同和无名合同、主合同和从合同等。

有偿合同是指当事人双方任何一方在享受权利的同时负有以一定对等价值的给付义务的合同。如买卖、租赁、承揽、有偿委托、有偿保管等。有偿合同大多数是双务合同。

而插画约稿合同是甲乙双方经协商一致，就设计插图事宜达成的协议，属于有偿合同当中的有偿委托。

2. 合同的内容

在约稿过程中，正常情况下，合同的起草应由委托方负责，具体的合同内容如下：

（1）合同形式。

（2）项目时间要求。

（3）委托项目明细（前三点可以统称为委托项目）：

①作品内容：xxx项目名称或本次插画内容。

②作品数量：xxx张。

③质量标准：画面的尺寸要求。

④文件格式：作品输出格式。

⑤其他要求：如作品发布，交付及制作过程。

（4）委托费用付款明细。

（5）平面制作标准及交付要求。

（6）双方的权利和义务。可附上沟通联络人，方便后续项目跟进，避免出现沟通上的不确定性。

（7）关于知识产权。

（8）违约责任。

（9）争议解决。

（10）其他约定事项，如合同效力，具体内容如下：

①本合同经甲乙双方盖章之日起生效，至本合同项下权利义务完全履行之日止。

②本合同未尽事宜，由双方另行签署补充合同，补充合同是本合同的组成部分。

③对本合同内容的变更和补充均应由双方另行签署书面文件，变更和补充后的内容若与原合同有冲突的，以修改后的文件为准。

④本合同壹式贰份，甲、乙双方各执壹份，均具同等法律效力。

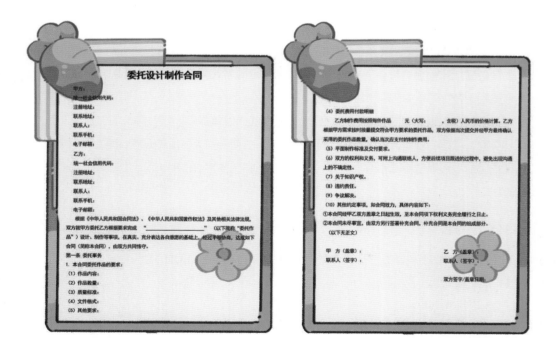

3. 保密协议

很多新手插画师在签署委托合同的时候，往往会遗漏关于"保密协议"的相关事宜。单纯地以为没有签署保密协议，就可以在约稿完成后将图片在平台上发布，而这样做的后果则是要赔付几倍，甚至几十倍约稿价格的违约金。

那么，为什么没有签署保密协议，却要承担违约的责任呢？

这是因为已经将保密条款加在了合同里面，所以在签署合同的时候，一定要注意"双方的权利和义务"及"知识产权"这两大类别。

（1）双方的权利和义务：

甲方的权利和义务

①根据项目要求，甲方向乙方及时提供品牌调性、产品信息、具体需求等有关资料，并保证提供的资料准确、完整、合法、真实。如果由于甲方提供资料不准确或者违反法律法规或者侵犯任何第三方的合法权利所导致的责任由甲方承担。

②如甲方收到乙方提交的制作成果有提出修改意见的意向，应及时与乙方沟通，并具体说明修改的原因及修改后期望达到的效果。

③甲方有权了解乙方的工作进度，对乙方的设计工作流程进行监督、检查和评审，并根据工作进展进行适当调整。

乙方的权利和义务

①乙方有权要求甲方提供品牌有关资料供乙方设计参考。

②乙方根据甲方的相关设计要求按时按量完成委托设计项目。

③乙方对甲方提供的设计任务书及相关技术资料负有保密的义务。

④乙方应保证，在交付给甲方之前，其成果不对外向任何第三人披露。

⑤乙方应保证，在设计期间，保管好甲方提供的相关产品与 logo。

⑥乙方对在实施本合同项目期间知晓的商业秘密及甲方其他商业信息负有保密义务，不得对任何第三人披露。

⑦乙方应充分听取甲方对委托设计项目各阶段工作成果的意见，并根据甲方的意见和要求进行修改完善，如有重大改变需经双方协商。

⑧乙方有权在甲方未按时支付绘制费用的情况下，中止、暂停委托绘制项目，对此乙方不承担任何责任。

⑨乙方应保证作品的清晰度和质量符合甲方的要求。

（2）知识产权

①乙方向甲方提供的阶段性成果和最终成果的知识产权归甲方所有。

②甲方在未付清设计项目的所有委托设计费用之前，乙方绘制的作品著作权归乙方，甲方对该作品不享有任何权利。

③在甲方书面确认成品效果后，乙方不得将设计用于成功案例宣传以外的其他商业用途。

在这两大类别中，多次强调了保密义务及作品归属权的问题，所以插画师在审核合同的过程中，一定要反复确认其中的细节，以防产生不必要的麻烦。

8.3 法律技能

插画师掌握法律技能的重要性不容忽视。首先，掌握法律技能可以帮助插画师更好地保护自己的知识产权；其次，掌握法律技能有助于插画师在签订合同和合作项目时，更加明确双方的权利和义务；最后，掌握法律技能能让插画师更好地管理自己的职业生涯。

8.3.1 插画版权的登记流程

插画版权是指插画作品的创作者对其作品享有的法律保护权利。它确保了插画作者对其作品的独占权，包括复制、发行、展示、表演、改编和授权他人使用等权利。插画版权的存在可以保护插画作者的创作成果，防止他人未经授权使用、复制或盗用作品。插画版权通常在作品创作完成时自动产生，无须进行注册或申请。但为了更好地维护自己的权益，插画作者可以选择进行版权注册，以便在侵权纠纷发生时能够更容易地维权。

（1）知晓版权法律：了解国家和地区的版权法律，包括插画作品的保护范围、权利人的权益、侵权行为的定义等。

（2）注重原创性：创作插画作品时，尽量避免抄袭他人作品，保持原创性。如果参考了他人作品，应该进行适当的修改和创新，避免过度模仿。

（3）注册版权：对于重要的插画作品，可以考虑进行版权注册，以确保自己的权益得到法律保护。

（4）标注版权信息：在发布插画作品时，应该标注自己的版权信息，包括作者姓名、作品名称、创作年份等，以便他人知晓并尊重版权。

（5）尊重他人版权：在使用他人插画作品时，应该尊重原作者的版权，遵守相关的使用规定，如获得授权或支付相应的使用费用。

（6）了解授权方式：如果要使用他人的插画作品，应该了解不同的授权方式，如独家授权、非独家授权、部分授权等，以便与原作者进行合作或购买合适的授权。

（7）维护自己的权益：如果发现他人侵犯了自己的插画版权，应该及时采取法律手段维护自己的权益，如发送警告信、提起诉讼等。

总之，插画版权意识是指对插画作品的版权保护有一定的了解和重视，遵守相关法律法规，尊重他人的版权，同时也维护自己的权益。

　　插画版权登记是保护插画作品权益的重要手段。以下是在"中国版权登记业务平台"上进行插画版权登记的一般流程：

　　（1）填写作品登记申请书、作品登记表、权利保证书各一份，提交作品原件及复印件、作品说明书（说明创作构思、作品主要特点及内容等）各一份。

　　（2）准备申请人身份证明。

　　（3）对合作作品申请登记的，还应提交合作作者的身份证复印件（合作作者是单位的，应提交营业执照或法人代码证的复印件、法人代表的身份证复印件）、合作创作合同或协议的原件及复印件各一份。

　　（4）对委托创作作品申请登记的，还应提交著作权人或创作者的身份证复印件（著作权人或创作者是单位的，应提交营业执照或法人代码证的复印件、法人代表的身份证复印件）、委托创作合同或协议的原件及复印件各一份。

（5）对职务作品申请登记的，应提交作者的身份证复印件、著作权人或专有使用权人的营业执照或法人代码证的复印件、法人代表身份证复印件、聘用合同及著作权归属证明原件及复印件。

（6）对美术作品或摄影作品申请登记的，申请人除按上述情况提交有关材料外，还需提交作品照片两张，一张贴在"作品登记申请书"左下方空白处，并在上面盖骑缝章，另一张随材料提交。

除了在中国版权登记业务平台上进行登记，也可以通过各个地区的宣传网站，选择"版权登记"下的在线办理。填写好"法人作品著作权归属证明""合作作品著作权归属证明""委托登记授权书""作品创意说明"以及"作品自愿登记权利保证书"即可。

8.3.2　商业合作中需要注意的版权问题

下面介绍插画师在商业合作中需要注意的版权问题。

1. 授权中的版权问题

授权合同是插画师比较常用的法律文件，用于授予某人或某个实体特定的权利或权限。这种合同通常用于保护知识产权，如版权、商标或专利。

授权合同通常包括双方的身份和联系信息、授权的范围、期限、付款条款、保密条款、违约和解除条款。而作为插画师，在授权的过程中，不仅要维护自己的权益，也要保障合作方的权益。

在保障双方权益中，要注意以下几点：

（1）插画师同意许可合作方授权作品的著作权，其中包括信息网络传播权、复制权、翻译权、发行权、展览权。

（2）为避免疑义，合作方拥有将授权作品用于制作包括但不限于实物产品包装设计，与产品包装相关的宣传活动材料设计等的使用权。

（3）合作方有权对授权作品以互联网推广等方式进行传播。

（4）合作方有权将插画设计使用在产品包装制作与推广上，且不受数量限制。

（5）插画师要保证对授权作品中所列的所有授权作品拥有合法知识产权或已得到授权作品合法权利人的授权，并且未违反授权范围内所有国家法律、法规、公共道德及未侵犯任何第三方权益。

2. 约稿和商业推广中的版权问题

约稿合作是插画师最常用的合作方式，所以在合作中，往往有很多细节会在无形之中对自己及合作方造成不可挽回的影响，以下就是插画师需要注意的三点：

（1）合作方要保证提供的品牌调性、产品信息、具体需求等有关资料准确、完整、合法、真实。

（2）涉及企业及项目内部资料时，插画师需要及时要求合作方提供品牌有关资料供自己设计参考，而不是自行网上搜索。

（3）在约稿的合作过程中，任何一个阶段的成果在交付给合作方之前，一定不要对外向任何第三人披露。

在其他的商业推广合作中，如平台合作推广所涉及的作品展示、联名合作中所涉及的作品创作以及项目合作前期的物料内容，插画师都要保证自己作品的标准。

插画师作品是否抄袭通常基于以下几个标准：

（1）相似度：判断两幅作品在整体构图、色彩运用、细节表现等方面的相似程度。如果两幅作品在多个方面都非常相似，可能存在抄袭的嫌疑。

（2）知识产权：检查作品是否存在版权保护，如是否有注册商标、著作权等。如果被指控的作品侵犯了他人的知识产权，可能构成抄袭。

（3）公开时间：确定作品的创作时间和公开时间。如果被指控的作品先于原作之前创作并公开，可能排除抄袭的嫌疑。

（4）创作过程：了解插画师的创作过程，包括灵感来源、研究参考、创作手法等。如果插画师能够提供详细的创作过程证明，可能有助于证明其作品的原创性。

（5）专业判断：请专业人士，如版权律师、艺术专家等，对作品进行评估和鉴定，以确定是否存在抄袭行为。

需要注意的是，判定抄袭是一个复杂的过程，需要综合考虑多个因素，最终的判断可能需要法律专业人士或相关机构进行评估。

第9章
插画师的IP运营

插画师的IP是指基于插画作品所衍生出的知识产权。IP包括插画角色、故事情节、品牌形象等，可以制作动画、游戏、周边产品等多种形式的衍生品。

CHAPTER 09

9.1 IP的基本介绍

IP（Intellectual Property）是指知识产权，它与插画师之间存在着一定的关系。插画师创作的作品可以被视为知识产权的一种，包括版权和商标等。

9.1.1 插画师的IP

插画师的 IP 通常具有独特的艺术风格和个性化的创意，能够吸引观众和消费者的注意力，成为一个有价值的商业资产。

1. IP 在插画中的特色

在插画师的 IP 中，插画角色、故事情节、品牌形象的表现形式各有特色。

（1）角色表现：角色是插画师的 IP 的核心，他们是故事的主要驱动力和读者的情感连接点。角色应该具有独特的外观和个性特征，以便读者能够轻松地辨认且与之产生共鸣。角色的表情、动作和姿势是表现其个性和情感的重要元素。

（2）故事情节表现：故事情节是插画师的 IP 的灵魂，它们为读者提供了一个引人入胜的世界。故事情节的表现可以通过插画的场景、背景和动作来实现。每个插画都应该有明确的目的和情节进展，以保持读者的兴趣和参与度。

（3）品牌形象表现：品牌形象是插画师的 IP 的标识和识别符号，它代表了 IP 的价值观和风格。品牌形象的表现可以通过插画的色彩、图案和风格来体现。这些元素应该与 IP 的核心理念和目标一致，以便读者能够轻松将其与特定的插画师的 IP 关联起来。

简而言之，角色、故事情节和品牌形象在插画师的 IP 中的表现是相互关联的，它们共同创造了一个有趣、引人入胜和易于识别的插画世界。通过精心设计和表现，插画师的 IP 可以吸引更多的读者，并建立起一个强大的品牌形象。

2. IP 在插画中的重要性

首先，IP 作品通常与某个品牌或故事相关联，这使得插画作品具有了更高的品牌价值。通过使用已有的知名 IP，插画作品可以借助品牌的影响力和认知度吸引更多的观众和粉丝。其次，IP 作品通常具有独特的形象和故事，这些形象和故事往往能够触动人们的情感，引起共鸣。插画作品通过使用这些 IP 元素，可以与观众建立情感联系，让观众更容易接受和喜爱作品。

所以说，插画师的 IP 的重要性体现在以下几个方面：

（1）品牌价值：插画师的 IP 可以成为一个品牌的核心形象，代表着品牌的独特风格和价值观。通过对插画师的 IP 的塑造，品牌可以建立起与消费者的情感连接。

（2）商业价值：插画师的 IP 可以被用于制作各种衍生品，如周边产品、动画、游戏等，从而创造商业价值。插画师的 IP 的独特性可以吸引更多的消费者，增加销售额和利润。

（3）市场竞争力：在当今的市场竞争中，插画师的 IP 可以帮助品牌与其他竞争对手区分开来。一个有吸引力和独特性的插画师的 IP 可以吸引更多的消费者，提升品牌的竞争力。

（4）媒体传播：插画师的 IP 可以成为媒体传播的重要内容，吸引更多的关注和报道。通过媒体的宣传和报道，插画师的 IP 可以扩大知名度，吸引更多的粉丝和消费者。

综上所述，IP 被认为是插画中重要的表现形式，它的特点和形式可以让受众和作品之间的联系更加紧密，在方式方法上也可以更容易地吸引观众的注意和喜爱，让作品和品牌获得更多的市场机会。

9.1.2 IP与插画师的关系

IP 保护可以帮助插画师在创作中获得合法的权益，防止他人未经授权使用、复制或修改其作品。插画师可以通过版权注册来确保其作品的独立性，并在侵权行为发生时追究责任。此外，插画师还可以通过授权或合作的方式将其作品应用于 IP 的开发中。例如，插画师可以与出版社、游戏开发商或动画制作公司合作，将其插画作品应用于图书、游戏或动画中，从而为 IP 的开发和推广做出贡献。

1. 为什么插画师要有自己的 IP

插画师拥有自己的 IP（知识产权）可以带来许多好处。

（1）建立个人品牌：拥有自己的 IP 可以帮助插画师建立个人品牌，树立自己在行业中的声誉和地位。这有助于吸引更多的客户，创造更多的机会。

（2）创造稳定的收入来源：拥有自己的 IP 可以将插画师的作品转化为商品或授权给其他公司使用，从而创造稳定的收入来源。例如 IP 可以用于制作周边产品、出版物、电影或游戏等。

（3）建立粉丝基础：拥有独特的 IP 可以吸引粉丝的关注和喜爱，建立起稳固的粉丝基础。这些粉丝可以成为插画师的忠实支持者，为其作品的推广和销售做出贡献。

（4）提高知名度和曝光度：拥有自己的 IP 可以帮助插画师在社交媒体和其他平台上获得更多的曝光度和关注度。这有助于扩大插画师的知名度，得到更多的工作机会，吸引更多的合作伙伴。

总之，IP保护和插画师之间的关系是相互促进的，IP保护可以帮助插画师保护其作品的权益，同时插画师的作品也可以为IP的开发和推广提供创意和视觉元素。

2. 插画师对于IP的优先选择权

作为插画师，可以选择先拥有一个IP（知识产权）还是先进行创作。这取决于插画师个人的创作方式和目标。

如果已经有了一个明确的IP，比如一个角色或故事，可以根据这个IP进行创作。这样做的好处是，插画师可以利用已有的IP来吸引观众和潜在客户，建立起一个独特的品牌形象。插画师可以通过创作插画、漫画、动画等形式来展示和推广这个IP。

另一方面，如果还没有一个明确的IP，可以先进行创作，通过不断尝试和实践来发现和塑造自己的风格和主题。这样做的好处是，插画师可以更加自由地表达自己的创意和想法，不受限于特定的IP。插画师可以通过创作各种不同的插画作品来展示技巧和创造力，吸引观众和潜在客户的注意。

无论是选择先有IP还是先进行创作，重要的是保持创造力和持续学习，不断提升自己的技能和表达能力。同时，建立一个良好的品牌形象和推广渠道也是非常重要的，这样可以让更多的人了解和认可插画师的作品。

如果插画师没有IP，可能会面临以下影响：

（1）缺乏独特性：没有自己的IP意味着插画师的作品可能缺乏独特性，难以与其他插画师区分开来，难以吸引粉丝和客户。

（2）商业机会有限：没有自己的IP可能会限制插画师的商业机会，例如无法进行授权产品、合作项目等，限制了收入来源。

（3）品牌建设困难：没有自己的IP可能会使插画师难以建立自己的品牌形象，缺乏知名度和认可度，难以吸引粉丝和客户。

（4）粉丝互动不足：没有自己的IP可能会导致插画师难以吸引粉丝的关注，缺乏与粉丝之间的联系和互动，难以建立忠诚的粉丝群体。

（5）创作受限：没有自己的IP可能会使插画师的创作受到限制，可能需要按照他人的要求进行创作，难以发挥个人的自由创作能力。

综上所述，拥有自己的IP对于插画师来说非常重要，它可以提升个人的创作价值和影响力，为插画师的事业发展带来更多的机会和好处。

9.2 插画师如何运营IP

随着互联网的发展和社交媒体的普及，插画师们有了更多展示自己作品的机会，也有了更多与粉丝互动的渠道。个人IP运营成为插画师们实现自我价值和商业化的重要途径。

9.2.1 插画师建立个人IP形象的重要性

作为一位插画师，个人IP形象的重要性不容忽视。个人IP形象是指插画师在公众心目中的形象和品牌，它代表了插画师的风格、专业能力和个人特点。一个独特又有吸引力的个人IP形象可以帮助插画师在竞争激烈的市场中脱颖而出，吸引更多的客户和机会。

1. 什么是插画师个人 IP 形象

插画师个人IP形象是指插画师根据自己的特点和风格，创造出一个独特的形象，用来代表自己的品牌和个人形象。这个形象可以是一个虚构的角色、动物或者是插画师本人的卡通形象等。通过这个形象，插画师可以在社交媒体、作品集、商业合作等方面建立自己的品牌形象，增加知名度和吸引力。插画师个人IP形象的成功与否取决于形象的独特性、可爱度、与插画师风格的契合度以及市场的接受度。

插画师个人IP形象设计可以包含以下几个方向：

（1）卡通形象：插画师可以设计一个可爱、有趣的卡通形象，可以是一个动物、一个人物或者一个虚构的角色。这个形象可以成为插画师的代表，出现在作品中或者作为品牌标识。

（2）自我形象：插画师可以将自己的形象转化为卡通形象，以此作为个人IP形象。这样的设计可以更加贴近插画师的个性和风格，也能够增加与观众的亲近感。

（3）系列角色：插画师可以设计一组相关的角色，它们可以有不同的特点和故事背景，但又有一定的联系和共同点。这样的设计可以增加插画师的创作广度，也能够吸引更多观众的关注。

（4）概念形象：插画师可以设计一个具有特定概念或主题的形象，例如科幻、奇幻、童话等。这样的设计可以突出插画师的创意和想象力，也能够吸引对这些主题感兴趣的观众。

（5）品牌形象：插画师可以设计一个与自己的品牌形象相符的形象，以此作为个人IP形象。这样的设计可以帮助插画师建立自己的品牌形象，提高知名度和商业价值。

以上是一些常见的插画师个人 IP 形象的设计方向，插画师可以根据自己的兴趣、风格和目标受众选择适合自己的方向进行设计。

2. 插画师个人 IP 形象的重要性

首先，个人 IP 形象可以帮助插画师建立自己的品牌。在当今社会，品牌意识已经成为商业成功的关键。一个有着独特风格和个人特点的插画师 IP 形象可以让人们对其有深刻的印象，并且愿意与其合作。通过塑造自己的个人 IP 形象，插画师可以在市场中建立起自己的品牌，从而获得更多的认可和机会。

其次，个人 IP 形象可以增加插画师的专业性和可信度。一个有着专业形象的插画师会给人一种信任感，让客户相信他们的能力和经验。通过展示自己的作品、分享创作过程和与其他行业专家进行合作，插画师可以进一步加强自己的专业形象。由于客户会更倾向于选择那些有着良好个人 IP 形象的插画师，所以个人 IP 形象可以增加插画师的竞争力。

此外，个人 IP 形象还可以帮助插画师与粉丝和客户建立更紧密的联系。通过在社交媒体上展示自己的个人 IP 形象，插画师可以吸引更多的关注和互动，与粉丝和客户建立更深入的关系。这种互动可以帮助插画师了解自己的受众，提供更符合他们需求的作品，从而增加客户的满意度和忠诚度。同时，通过与粉丝和客户的互动，插画师可以获得更多的反馈和建议，从而不断改进自己的作品和服务。

总之，个人 IP 形象对于插画师来说非常重要。它不仅可以帮助插画师建立自己的品牌，增加专业性和可信度，还可以与粉丝和客户建立更紧密的联系。因此，插画师应该重视个人 IP 形象的塑造，并不断努力提升自己的形象和品牌价值。只有通过建立一个独特且有吸引力的个人 IP 形象，插画师才能在竞争激烈的市场中脱颖而出，获得更多的机会和成功。

9.2.2 插画师如何运营个人IP

插画师个人 IP 运营是一个需要持续努力和不断学习的过程。通过建立个人品牌，利用社交媒体展示作品，开设网店和合作品牌，参加展览和活动，以及注重自我提升和学习，插画师们在实现自我价值的同时，也能够获得商业上的成功。

1. 个人 IP 运营的方式方法

以下五点可以有效地帮助插画师做到如何利用个人 IP 进行运营：

（1）抓住独特性：一个成功的个人 IP 运营需要有独特的创作风格和个人品牌。插画师们应该通过不断地实践和探索，找到自己的创作风格，并在作品中体现出个人特色。这样一来，粉丝们就能够更容易地辨认出插画师的作品，并形成对品牌的认同感。

（2）抓住互动性：插画师们应该积极利用各种社交媒体平台来展示自己的作品和与粉丝互动。例如，可以在抖音、小红书、微博、涂鸦王国、站酷等平台上发布作品，并与粉丝们进行互动，回答他们的问题，分享创作心得等。通过互动，插画师们与粉丝可以建立起更加紧密的联系，提升粉丝的忠诚度和参与度。

（3）抓住商业性：插画师们还可以考虑开设自己的网店或者与其他品牌进行联名合作。通过产品的辐射性，将自己的作品制作成各种周边产品，如 T 恤、手机壳、明信片等，从而实现作品的商业化。而与其他品牌进行联名合作，则可以借助品牌的影响力和资源，扩大自己的知名度和影响力。

（4）抓住拓展性：除了社交媒体和商业合作，插画师们还可以考虑参加各种展览和活动，以展示自己的作品，并与其他插画师们进行交流。通过参加展览和活动，插画师们可以获得更多的展示机会，还可以扩大自己的人脉圈，结识更多的行业内人士，并寻求与他们合作的机会。

（5）抓住生活性和职业性：插画师们还可以把自身的特点生活化和职业化。在注重自我提升和学习的前提下，利用线下的机会增加自身的生活阅历，将生活常见的场景或者故事融入自己的 IP 元素，同时把职业特点也加入 IP 进行延展。这样可以区别于其他的插画师，做出自己的职业生活特性。

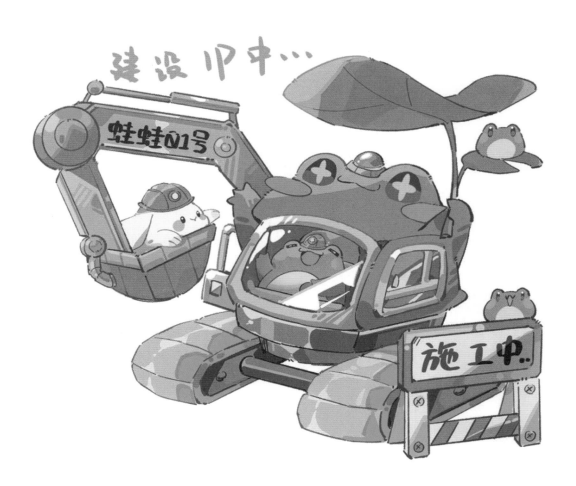

2. 如何利用 IP 进行运营

　　插画师与其他 IP 的联动是一种创造性的合作方式，可以帮助插画师增加名气并扩大影响力。通过与不同的 IP 合作，插画师可以将自己的作品与其他知名品牌、角色或故事进行结合，从而吸引更多的观众和粉丝。

首先，与其他 IP 进行联动可以为插画师带来更多的曝光机会。当插画师的作品与知名品牌或角色进行合作时，这些品牌或角色的粉丝群体也会开始关注插画师的作品。这样一来，插画师的作品就会被更多人看到，从而增加知名度和影响力。

其次，与其他 IP 进行联动可以为插画师带来更多的创作灵感。通过与其他 IP 合作，插画师可以接触到不同的故事情节、角色形象和艺术风格，这些都可以为插画师的创作提供新的灵感和创意。这种跨界合作不仅可以丰富插画师的作品内容，还可以帮助插画师不断提升自己的艺术水平。

并且，与其他 IP 进行联动可以为插画师带来更多的商业机会。当插画师的作品与知名品牌或角色进行合作时，往往会有商业合作的机会出现。这些合作可能包括授权商品的设计、联名款式的推出、活动的合作等，这些都可以为插画师带来更多的收入和商业机会。

最后，与其他 IP 进行联动可以为插画师带来更多的合作伙伴。通过与其他 IP 合作，插画师可以结识到更多的行业内人士，建立起更广泛的人脉关系。这些合作伙伴可能包括其他插画师、品牌代理商、活动策划方等，他们可以为插画师提供更多的合作机会和资源支持。

总之，插画师与其他 IP 的联动是一种有益的合作方式，可以帮助插画师增长名气、扩大影响力，并为他们带来更多的创作灵感、商业机会和合作伙伴。通过与其他 IP 的联动，插画师可以不断拓展自己的创作领域，实现更大的艺术成就。

反侵权盗版声明

电子工业出版社依法对本作品享有专有出版权。任何未经权利人书面许可，复制、销售或通过信息网络传播本作品的行为；歪曲、篡改、剽窃本作品的行为，均违反《中华人民共和国著作权法》，其行为人应承担相应的民事责任和行政责任，构成犯罪的，将被依法追究刑事责任。

为了维护市场秩序，保护权利人的合法权益，我社将依法查处和打击侵权盗版的单位和个人。欢迎社会各界人士积极举报侵权盗版行为，本社将奖励举报有功人员，并保证举报人的信息不被泄露。

举报电话：（010）88254396；（010）88258888
传　　真：（010）88254397
E－mail：dbqq@phei.com.cn
通信地址：北京市万寿路173信箱
　　　　　电子工业出版社总编办公室
邮　　编：100036